U0265942

力学与结构实验

主　编　宋学东　王　晖　张坤强
副主编　王少杰　张义清

黄河水利出版社
·郑州·

内 容 提 要

作为一本服务于工科院校的力学与结构实验教材,本书系统介绍了材料力学实验、结构力学实验和实验案例等内容。首先介绍了材料力学实验概述、实验设备,之后对拉、压、弯、剪、扭等基本实验和冲击、疲劳等选择性实验进行了详细阐述;其次介绍了结构力学实验概述、实验设备,之后阐述了材料弹性模量 E、泊松比 μ 测定、电阻应变片在电桥中的接法等基本实验,还研究了混凝土无损检测、金属探伤等实验内容;最后以山东农业大学水利土木工程学院学生实验项目为案例,为使用者提供实验设计与操作模板。兼顾实验方法理论和实践教学,理论和实践并举,是本书的重要特色,也使全书具有很强的实用性。本书可供高等工科院校各专业本科生、研究生作为教材使用,也可作为从事工程结构实验的专业人员及相关工程技术人员的参考用书。

图书在版编目(CIP)数据

力学与结构实验/宋学东,王晖,张坤强主编.—郑州:黄河水利出版社,2017.11

ISBN 978-7-5509-1903-7

Ⅰ.①力… Ⅱ.①宋… ②王… ③张… Ⅲ.①力学-结构试验-高等学校-教材 Ⅳ. ①O3

中国版本图书馆 CIP 数据核字(2017)第 293226 号

出 版 社:黄河水利出版社　　　　　　　　　　　网址:www.yrcp.com
　　　　地址:河南省郑州市顺河路黄委会综合楼 14 层　　邮政编码:450003
发行单位:黄河水利出版社
　　　　发行部电话:0371-66026940、66020550、66028024、66022620(传真)
　　　　E-mail:hhslcbs@126.com
承印单位:河南承创印务有限公司
开本:787 mm×1 092 mm　1/16
印张:9.25
字数:214 千字　　　　　　　　　　　　　　　印数:1—2 000
版次:2017 年 11 月第 1 版　　　　　　　　　　印次:2017 年 11 月第 1 次印刷

定价:19.00 元

前　言

材料力学和结构力学是工科院校普遍开设的重要的学科基础课,是工程类技术专业的基础知识,其教学内容和教学效果对工程设计知识的建立和学生的培养质量都有深刻影响。本书作为材料力学、结构力学课程教学配套的实践教材,认真贯彻高等工业学校教学基本要求,紧密结合高等教育面向21世纪的教学内容和课程体系改革计划而编写。

本教材由材料力学实验、结构力学实验和实验案例三大部分组成。

第1部分(材料力学实验)根据材料力学课程教学大纲的内容和要求编写,主要内容包括:材料力学实验绪论、实验仪器介绍、压缩实验、拉伸实验、剪切实验、扭转实验、纯弯曲梁实验、冲击实验、光弹性实验等。

第2部分(结构力学实验)的内容包括:结构实验概述、实验设备的介绍、材料弹性模量E、泊松比μ测定实验、电阻应变片横向效应系数测定实验、电阻应变片在电桥中的接法实验、电阻应变片温度特性实验、电阻应变片灵敏系数标定实验、等强度梁静态(应变值与位移值)测定实验、位移互等(功互等)定理验证实验、弯扭组合变形下主应力测定、混凝土无损检测实验、高密度电法在地质物探中的应用实验、探地雷达在地质物探中的应用实验、混凝土超声波回弹实验、金属探伤实验等。

第3部分(实验案例)以山东农业大学水利土木工程学院学生实验项目为案例,为教材使用者提供实验设计与操作模板。

本书可供高等学校土木工程专业本科生、研究生作为教材使用;也可供从事工程结构实验的专业人员和有关工程技术人员作为参考用书。

由于编者水平有限,书中的错误和不足之处在所难免,恳请读者批评指正。

作　者

2017 年 5 月

目　录

第3部分 实验案例

第 1 部分　材料力学实验

第 1 章　材料力学实验概述

§1.1　材料力学实验的内容

材料力学实验是材料力学课程的重要组成部分。材料力学的结论和定律,材料的力学性能及表达材料力学性能的常数都需要通过实验来验证或测定,如虎克定律就是由罗伯特·虎克经过一系列弹簧和钢丝实验之后建立的;又如材料力学的创始人伽利略就曾用实验的方法研究了拉伸、压缩和弯曲等有关现象;以及近代塑性理论的应力—应变关系、高温蠕变的基本定律、金属疲劳的持久极限都是以实验为基础建立的。至于在各种条件下的材料力学性能研究,实际工程构件的强度、刚度和稳定性的研究,也都是需要依靠实验得到解决的。因此,材料力学实验是工程技术人员必须掌握的基本技能之一。在学校通过材料力学实验使学生掌握材料力学性能的基本知识、基本技能和基本方法,不仅是高校材料力学课程教学的要求,同时对于培养学生的动手能力、分析问题能力以及严肃认真、实事求是的科学态度都是极为重要的,对于培养学生实际工作能力和科技创新能力也具有非常重要的现实意义。

材料力学实验,按其性质可分为以下三类。

一、测定材料力学性能的实验

材料力学公式只能算出杆件在荷载作用下应力的大小。为了建立起相应的强度、刚度和稳定条件,必须通过拉伸、压缩、扭转、冲击、疲劳等实验来测定材料的屈服极限、强度极限、弹性模量和持久极限等力学性能。这些材料的力学性能是设计构件时所不可缺少的基本参数和依据。然而,同一种材料用不同的实验方法,测得的数据也可能有显著的差异。为了正确地测定数据,实验时必须依据国家标准,按照标准化程序进行。

二、验证理论的实验

将实际问题抽象为理想的模型(如杆的拉伸、压缩、弯曲等),再根据科学的假设(如平面假设、材料均匀连续性和各向同性假设等)导出一般性公式,这是研究材料力学的基本方法,但是这些简化与假设是否正确,理论公式是否能在假设中应用,都需要通过实验来验证。此外,对于这些近似解答,其精确度也必须通过实验检验后才能在工程设计中使用。

三、应力分析的实验

工程上很多实际构件的形状和受载情况都是十分复杂的,如轧钢机架、汽车底盘、水坝和飞机结构等,关于它们的强度问题,单纯依靠理论计算,不能解决或难以解决其内部应力大小和分布情况,因而近几十年来发展了实验应力分析,即用实验方法解决应力分析问题,具体包括:电测法、光测法、脆性涂层法、云纹法、声弹法等。目前,这些方法已成为工程中解决实际问题的有力工具。例如,通常采用电测法观察构件某一局部的应力分布,采用光测法观测构件的整体应力分布等。

§1.2 材料力学实验课的目的

材料力学实验技术具有丰富的内容,我们选取了较典型和较常用的实验内容和方法作为实验课的基本教学内容,在掌握材料力学基本理论的基础上,掌握基本的实验技能,并探索通过综合性、设计性实验教学方式,逐步培养学生的动手能力和实践能力。我们还开设了部分演示实验,用以开拓学生的眼界,为后续专业课打下基础。

(1)通过对实验现象的观察、分析和对金属材料各力学量及物理量的测量,能初步掌握材料力学实验的基本知识、基本方法和基本技能,并能运用材料力学原理解释金属材料构件的力学行为,加深对材料力学原理的理解。

(2)培养学生的科学实验能力。主要包括:动手实践能力、思维创新能力、书写表达能力和简单的设计能力,并通过实验课激发同学们的创造能力和工作热情。

(3)培养学生从事科学实验的素质。要求学生具有理论联系实际和实事求是的科学作风,严肃认真的工作态度,不怕困难主动进取的探索精神,遵守操作规程、爱护公共财物,以及在实验中相互协作,共同探索的思想品德。

§1.3 材料力学实验课的基本要求

通过实验课的系统训练,学生应达到如下基本要求:

(1)掌握材料力学实验的基本知识,熟练掌握实验报告的书写方法,掌握简单设计件实验报告的书写方法,掌握实验数据处理及误差分析方法。

(2)了解实验设备、仪器的基本工作原理,掌握它们的操作方法。在大型设备的操作过程中,培养协作精神,逐步增强实践能力和动手能力。

(3)掌握低碳钢和铸铁材料机械性能的参数测试方法,并比较两种材料在机械性能方面的差别。

(4)掌握材料力学实验中的机械法和电测法两种基本实验方法,能应用材料力学知识解释、分析拉伸、扭转、弯曲、组合变形和简单超静定实验中所发生的应力和应变变化的规律。

(5)了解动力特性和动力反应测定实验所用到的常用仪器设备,初步掌握实验方法和原理。

(6)初步具备对材料力学实验过程的设计能力,即能独立完成实验的全过程,具有一定的动手能力和思维判断能力。

(7)对光弹、冲击、压杆稳定、疲劳、高分子复合材料等项内容的实验方法有选择地了解。

总之,希望学生在实验课中,能仔细研究每一个环节,认真做好每一项实验。

§1.4　材料力学实验规则及要求

一、实验前的准备工作

(1)按各次实验的预习要求,认真阅读实验指导,复习有关理论知识,明确实验目的,掌握实验原理,了解实验的步骤和方法。

(2)了解实验中所使用仪器、实验装置等的工作原理,以及操作注意事项。

(3)必须清楚地知道本次实验须记录的数据项目及数据处理的方法。

二、严格遵守实验室的规章制度

(1)按课程规定的时间准时进入实验室。保持实验室整洁、安静。

(2)未经许可,不得随意动用实验室内的机器、仪器等一切设备。

(3)做实验时,应严格按操作规程操作机器、仪器,如发生故障,应及时报告,不得擅自处理。

(4)实验结束后,应将所用机器、仪器擦拭干净,并恢复到正常状态。

三、认真做好实验

(1)接受教师对预习情况的抽查、质疑,仔细听教师对实验内容的讲解。

(2)实验时,要严肃认真、相互配合,仔细地按实验步骤、方法逐步进行。

(3)实验过程中,要密切注意观察实验现象,记录好全部所需数据,并交指导老师审阅。

四、实验报告的一般要求

实验报告是把所完成的实验结果整理成书面形式的综合资料。通过实验报告的书写,培养学生准确有效地运用文字来表达实验结果的能力。因此,要求学生在自己动手完成实验的基础上,用自己的语言简明扼要地叙述实验目的、原理、步骤和方法,所使用的设备仪器的名称与型号、数据计算、实验结果、问题讨论等内容,独立地写出实验报告,并做到字迹端正、绘图清晰、表格简明。

(一)实验报告内容要求

实验报告是实验者最后交出的成果,是实验的分析结果,应认真完成实验报告,其内容应包括:

（1）实验名称、日期、室温、同组人员姓名。

（2）实验目的。

（3）实验设备的名称、型号、精度。

（4）实验数据及其处理。

（二）实验数据处理要求

1. 测量中的有效数字

实验测量中，由于使用的机器、仪表和量具标尺刻度的最小分度值是随机器、仪表和量具的精度不同而不同的。所以，在测量时除直接从标尺读出刻度值外，还要尽可能读出最小刻度线以下的一位估计数值。这种由测量得来的可靠数字和末位的估计数字所组成的数字称为有效数字。例如，用米尺、游标卡尺、千分尺测量一试件直径，其读数如表 1-1-1 所示。

表 1-1-1　常用量具的有效数字

量具	精度（mm）	读数（mm）	有效数字位数
米尺	1	9.8	2
游标卡尺	0.02	9.84	3
千分尺	0.001	9.843	4

2. 四舍五入单双修约规则

有效数字以后的第一位数为小于等于 4 的数时，舍去，如 $2.245 \rightarrow 2.2$；为大于等于 6 时，进一；如 $2.565 \rightarrow 2.6$；为 5 时，若有效数字的末位是单数则进一，是双数时则舍去，如 $2.351 \rightarrow 2.4$，$2.450 \rightarrow 2.4$。

3. 四舍五入考虑修约规则

如有效数字以后的第一位是 5，且 5 以后非零则进一，如 $28.354 \rightarrow 28.4$；5 以后皆为零，且有效数的末位为偶数则舍去，如 $28.450 \rightarrow 28.4$；若 5 以后皆为零，但有效数末位为奇数则进一，如 $28.350 \rightarrow 28.4$。

4. 有效数字的计算规则

几个数相加（或相减）时，其和（或差）在小数点后面保留的位数应与几个数中小数点后面最少的那个相同。如 $4.33 + 31.7 + 2.652 = 38.7$。

几个数相乘（或相除）时，其积（或商）的有效数字位数应与几个数中位数最少的相同，如 $23.4 \times 52.1 = 1.22 \times 10^{3}$。

常数以及无理数参与运算，不影响所得结果有效数字的位数，该无理数的位数只需取与有效数字最少的位数相同即可。

求 4 个数或 4 个数以上的平均值时，所得的有效位数要增加一位。

5. 实验结果的表示

在实验中除对测得的数据进行整理并计算实验结果外，一般还要采用图表或曲线来表示实验结果。实验曲线应绘在坐标纸上，图中应注明坐标轴所代表的物理量和比例尺。实验测得的坐标点应当用记号表示，例如"×""○"或"△"等。当连接各坐标点为曲线时,不要用直线逐点连成折线,应当根据多数坐标点的位置,描绘成光滑曲线。

6.实验结果分析

最后应当对实验结果进行分析,说明其主要结果是否正确,对误差加以分析,并回答指定的思考题。

第 2 章　实验设备

§2.1　微机控制电子万能试验机

在材料力学实验中,一般都要给试件施加荷载,这种加载用的设备为材料试验机。微机控制电子万能试验机广泛用于金属和非金属材料,进行构、部件的拉、压、弯、剪、蠕变、持久等力学实验。

一、构造原理

微机控制电子万能试验机原理示意图见图 1-2-1。

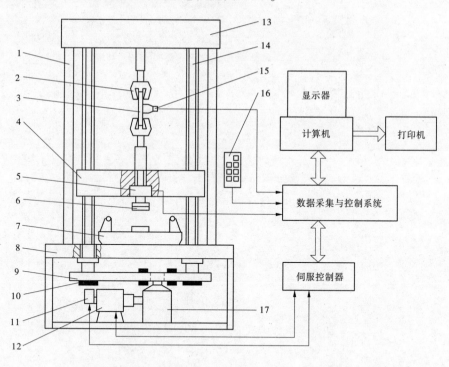

1—立柱;2—拉伸夹具;3—拉伸试件;4—移动横梁;5—测力传感器;6—压缩夹具;
7—弯曲夹具;8—下横梁;9—同步齿形传动带;10—带轮;11—光电编码器;
12—伺服电机;13—上横梁;14—滚珠丝杠;15—引伸计;16—手控键盘;17—减速机

图 1-2-1　微机控制电子万能试验机原理示意图

微机控制电子万能试验机由三部分组成:机械加载传动部分,测量控制系统,计算机软件控制与数据记录、处理部分。主机与辅具构成试验机的加力框架,主机工作台下的伺服电机、伺服系统、减速系统构成动力驱动系统。测量控制器、传感器、PC 机构成试验机的控制与数据处理系统。

(一)试验机结构

主机部分由 4 根(导向)立柱、上横梁、中横梁、下横梁组成框架结构(WDW-30 型试验机可拆分为台式);伺服电机、调速传动系统安装在工作台下部,伺服电机通过减速系统(同步齿形带、轮)带动滚珠丝杠副旋转,滚珠丝杠副驱动移动横梁,带动拉伸夹头(压缩、弯曲等装置)上下移动,实现试样的加荷与卸载。该结构保证框架式主机有足够的刚度,同时实现高效、平稳传动。丝杠与丝母之间有消除间隙结构,提高了整机的传动精度与效率。

(1)实验结构。可分为单空间结构和双空间结构,单空间结构是指拉、压、弯等实验都在中横梁和下横梁之间完成的结构。双空间结构是指拉伸实验在上横梁和中横梁之间完成,压缩、弯曲实验在中横梁和下横梁之间完成的结构。

(2)负荷传感器。安装在中横梁的下部,将外加的力通过放大器转换成电信号输出。

(3)限位开关。安装在主机左侧前方,作为安全措施,可防止中横梁移动时发生碰撞而引起过载情况的出现。

(二)液晶操作面板

液晶操作面板吸挂在右方前侧中部,为试验机的附属控制、显示装置,用以手动控制中横梁的移动上升、下降、步进动作、设定控制参数,并实时显示主要实验参数;具有脱离计算机独立控制试验机的功能。其可完成的控制功能包括:设定力、变形、位移速率的比例项、积分项等控制参数,设定实验方式,变形传感器的控制,设定传感器的量程、标定系数。实时显示的主要参数包括:力、位移、变形、速度。

(三)测量控制系统

实验力通过负荷传感器进行测量,试件变形通过夹持在试样上的引伸计测量,中横梁位移通过安装在丝杠上或伺服电机上的光电编码器测量,三路信号经控制器实现实验数据的采集、转换、处理和屏幕显示。根据实验要求通过控制系统运算后得到控制信号,再经调速系统放大后驱动伺服电机,按控制系统确定参数完成闭环控制过程。

测量控制系统采用高度集成的模数转换器,芯片运用电荷平衡技术,性能达到 24 位。传感器受力后输入正比于负荷的微小信号,直接送入 A/D 转换芯片进行放大转换再送入单片机,信号经处理后以直读方式显示,单位为"N"或"kN"。与放大器相连的单片机为测控系统的心脏,其可完成放大器量程变换、数据采集传输、实验方式选择及液晶显示,数据通过 RS232 接口输出并接受其他设备的指令。当负荷超过设定的安全值时,安全保护系统工作,自动停机。

(四)数据处理

实验数据经测量控制系统采集和实验软件处理后在液晶面板和计算机屏幕上显示,并且保存在计算机 PC 机中。实验完成后,用户可对实验数据进行后处理并打印,也可以ASCII 文件的形式保存在硬盘中,以 Office 软件导出。

二、操作步骤

(1)开机,预检机器运转是否正常。

（2）根据检测要求更换合适夹具。

（3）实验前，调整好限位挡块。

（4）双击电脑桌面 图标，进入实验软件，选择好联机的用户名和密码（见图1-2-2）。选择对应的传感器后单击 联机 。

图1-2-2　输入用户名和密码

（5）根据试样情况准备好夹具，若夹具已安装在试验机上，则对夹具进行检查，并根据试样的长度及夹具的间距设置好限位装置。

（6）点击 试验部分 里的"新实验"，选择相应的实验方案，输入试样的原始用户参数（如尺寸等）。测量试样的尺寸方法为：用游标卡尺在试样标距两端和中间三个截面上测量直径，每个截面在互相垂直方向各测量一次，取其平均值。用三个平均值中最小者计算横截面面积。

（7）将试样的端面涂上润滑油脂后，再准确地置于试验机下压盘的支撑垫板中心处，调整试验机夹头间距，按控制面板的下降键让上压盘缓慢下降，调整到接近下压盘但未触及压缩试样时停止，注意在较接近下压盘时要改按慢下的控制键，避免上压盘直接触及试样。力值清零（点击力窗口的 清零 按钮）。

（8）位移清零、峰值力清零、变形清零（点击窗口的 清零 按钮）。

（9）点击 ▶ ，开始自动实验。

（10）观察实验过程。

（11）实验结束，在实验结果栏中，程序将自动计算出结果并显示在其中。如果想清楚地观看结果，可双击实验结果区，实验结果区将放大到半屏，方便观看结果数据，再次双击，实验结果区大小复原。如果想分析曲线，双击曲线区，曲线区将放大到半屏，方便分析曲线，再次双击，曲线区大小复原。

（12）实验完成后，点击 生成报告 ，打印实验报告。

（13）关闭实验窗口及软件。

（14）关机。顺序为：实验软件→试验机→打印机→计算机。

（15）取下试件，将仪器复原并清理现场。

三、注意事项

（1）启动试验机前，检查限位旋钮位置。

（2）放置试样时，把试样放入钳口长度的2/3以上，以便保持有效夹持与保护钳口。

（3）如遇紧急情况，按下红色蘑菇头按钮。

（4）拧动加载速度调节旋钮时要缓慢进行。

（5）实验时，若发现软件运行异常或发生其他异常现象，应立即停止，查出故障原因，修复后方可进行实验。

（6）机器运转时，操作者不得擅自离开。

§2.2　CTT 系列扭转试验机操作

CTT 系列扭转试验机可以通过对试件施加扭矩，并能测出扭矩的大小，主要用于测量各种金属在扭转作用下的抗扭强度 τ_b、切变模量 G 等实验结果及其他数据。整机由主机、主动夹头、从动夹头、扭转角测量装置以及电控测量系统组成。

一、构造原理

扭转试验机原理示意图见图 1-2-3。

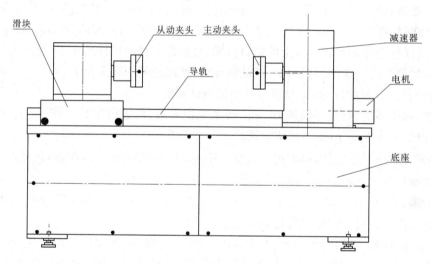

图 1-2-3　扭转试验机原理示意图

（一）主机
主机由底座机箱、传动系统和移动支座组成。传动系统由交流伺服电机、同步齿形带和带轮、减速器、同步齿形带张紧装置等组成。移动支座由支座和扭矩传感器组成，支座用轴承支撑在底座上，与导轨的间隙由内六角螺钉调整；扭矩传感器固定在支座上。

（二）扭转角测量装置
扭转角测量装置由卡盘、定位环、支座、转动臂、测量辊、光电编码器组成。

卡盘固定在试样的标距位置上，试样在加载负荷的作用下产生形变，从而带动卡盘转动，同时通过测量辊带动光电编码器转动。由光电编码器输出角脉冲信号，发送给电控测量系统处理，然后通过计算机将扭角显示在屏幕上。

（三）扭矩的测量机构
扭矩传感器固定在支座上，可沿导轨沿直线移动。通过试样传过来的扭矩使传感器产生相应的变形,发出电信号,通过电缆将该信号传入电控部分。由计算机进行数据采集和处理,并将结果显示在屏幕上。

(四)夹头

试样夹头有两个,主动夹头安装在减速器的出轴端,从动夹头安装在移动支座上的扭矩传感器上。试样夹在两个夹头之间。旋转夹头上的手柄,使夹头的钳口张开或合拢,将试样夹紧或松开。当主动夹头被电机驱动时,试样所承受的力矩经从动夹头传递给扭矩传感器,转换成测量电信号,发送给电控测量系统处理。

二、操作步骤

(1)检查设备。在实验前对设备进行检查,检查内容包括各紧固件是否松动、各按键是否正常、电机是否正常。

(2)准备试样。

(3)扭角测量装置的安装。先将一个定位环夹套在试样的一端,装上另一个卡盘,将螺钉拧紧。再将另一个定位环夹套在试样的另一端,装上另一个卡盘;根据不同的试样标距要求,将试样搁放在相应的 V 形块上,使两卡盘与 V 形块的两端贴紧,保证卡盘与试样垂直,以确保标距准确。将卡盘上的螺钉拧紧,将装好卡盘的试样装在主、从动夹具上,将扭角测量装置的转动臂的距离调好,转动转动臂,使测量辊压在卡盘上。

(4)开机。开机顺序为:试验机→打印机→计算机。

注意:每次开机后,最好预热 10 min,待系统稳定后,再进行实验工作。若刚刚关机,需要再开机,至少保证 1 min 的时间间隔。

(5)双击电脑桌面的 ▨ 图标,进入实验软件,选择好联机的用户名和密码(见图 1-2-2)。选择对应的传感器及扭角仪后单击 联机 。

(6)根据试样情况准备好夹具,若夹具已安装在试验机上,则对夹具进行检查,并根据试样的长度及夹具的间距设置好限位装置。

(7)点击 试验部分 里的"新实验",选择相应的实验方案,输入试样的原始用户参数(如尺寸等)。测量试样的尺寸方法为:用游标卡尺在试样标距两端和中间三个截面上测量直径,每个截面在互相垂直方向各测量一次,取其平均值。用三个平均值中最小者计算 W_ρ。

(8)画线。在试件的两端和中间用彩色粉笔画三个圆周线,并沿试件表面画一母线,以便观察低碳钢扭转时的变形情况(铸铁变形较小不用画此线)。

(9)装夹试样。

(10)先按"对正"键,使两夹头对正。如发现夹头有明显的偏差,按下"正转"或"反转"键进行微调。

(11)将已安装卡盘的试样的一端放入从动夹头的钳口间,扳动夹头的手柄将试样夹紧。

(12)按"扭矩清零"键或实验操作界面上的扭矩"清零"按钮。

(13)推动移动支座移动,使试样的头部进入主动夹头的钳口间。

(14)先按下"试样保护"键,然后慢速扳动夹头的手柄,直至将试样夹紧。

（15）按"扭转角清零"键（点击扭角窗口的 清零 按钮），使计算机显示屏上的扭转角显示值为零。

（16）将测量辊放在卡盘上。

（17）点击 ▶ ，开始自动实验，软件自动切换到实验界面。

（18）观察实验过程。

（19）实验结束，在实验结果栏中，程序将自动计算出结果并显示在其中。如果想清楚地观看结果，可双击实验结果区，实验结果区将放大到半屏，方便观看结果数据，再次双击，实验结果区大小复原。如果想分析曲线，双击曲线区，曲线区将放大到半屏，方便分析曲线，再次双击，曲线区大小复原（见图 1-2-4）。

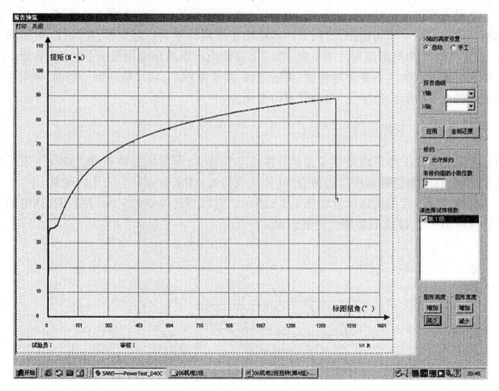

图 1-2-4

（20）实验完成后，点击 生成报告 ，打印实验报告。

（21）关闭实验窗口及软件，关机顺序为：实验软件→试验机→打印机→计算机。

（22）实验结束，取下试样。

（23）实验完成以后，根据实验的要求，输出、打印实验报告。

（24）实验全部结束以后，应清理好机器，以及夹头中的铁屑，卸除试样，关断电源。

三、注意事项

（1）打开主机电源后，发现按键操作面板上的红色电源指示灯不亮，应观察急停开关是否按下。

（2）机器在长期停止使用后，须先按"点动"键，将机器运行 1 min 以上，使减速机的润滑充分。

（3）推动移动支座时，切勿用力过大，以免损坏试样或传感器。

（4）机器运转时，操作者不得擅自离开。

（5）铸铁扭转时，要加防护罩，以免破碎试件飞出伤人。

§2.3　电阻应变仪

电阻应变仪是一种广泛应用的、测量应变的电子仪器。它的主要工作原理是：将一种特制的电阻应变片作为传感元件，牢固地粘贴在被测构件上一起变形，把构件（电阻应变片）的应变转化为电阻应变片的电阻，然后用应变指示器测出电阻改变量，并换算成应变值指示出来。它的优点是测量精度、灵敏度高，测量范围广，频率响应好。当前，电阻应变仪正向多点、高精度、数字化、自动化方向发展。

一、电阻应变片

电阻应变片工作原理是基于金属导体的应变效应，即金属导体在外力作用下发生机械变形时，其电阻值随着所受机械变形（伸长或缩短）的变化而发生变化的现象。

丝绕式应变片的构造示意如图 1-2-5 所示。它以直径为 0.025 mm 左右的、高电阻率的合金电阻丝 2，绕成形如栅栏的敏感栅。

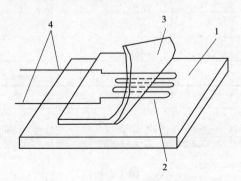

1—基底；2—电阻丝；3—覆盖层；4—引线

图 1-2-5　丝绕式应变片的构造示意

金属应变片的电阻 R 为

$$R = \rho \frac{L}{A} \tag{1-2-1}$$

构件受载后，由电学知识可知，在该点、该方向产生线应变 $\varepsilon = \dfrac{\mathrm{d}L}{L}$，同时电阻丝的电阻值也发生相对变化 $\dfrac{\mathrm{d}R}{R}$，得出电阻变化率和应变之间的关系如下式。

$$\frac{\mathrm{d}R}{R} = \frac{\mathrm{d}\rho}{\rho} + \frac{\mathrm{d}L}{L} + \frac{\mathrm{d}A}{A} \tag{1-2-2}$$

当横截面为圆形,直径为 D 时:

$$\frac{\mathrm{d}A}{A} = 2\frac{\mathrm{d}D}{D}$$

根据横向应变和纵向应变之间的关系

$$\varepsilon' = \frac{\mathrm{d}D}{D} = -\mu\varepsilon$$

所以

$$\frac{\mathrm{d}A}{A} = -2\mu\frac{\mathrm{d}L}{L}$$

式中, μ 为电阻丝的泊松比。

实验证明,多数材料的 $\frac{\mathrm{d}\rho}{\rho}$ 对电阻变化率影响很小,可以略去不计。则式(1-2-2)可以改写为

$$\frac{\mathrm{d}R}{R} = \frac{\mathrm{d}L}{L} + \frac{\mathrm{d}A}{A} \tag{1-2-3}$$

再将 $\varepsilon = \frac{\mathrm{d}L}{L}$ 和 $\frac{\mathrm{d}A}{A} = -2\mu\frac{\mathrm{d}L}{L}$ 代入式(1-2-3)得

$$\frac{\mathrm{d}R}{R} = (1 - 2\mu)\varepsilon \tag{1-2-4}$$

将 $K = 1-2\mu$,式(1-2-4)写为

$$\frac{\mathrm{d}R}{R} = K\varepsilon$$

式中, K 为电阻应变片的灵敏系数,它与电阻应变片的材料及形式有关。 K 值在电阻应变片出厂时由厂方标明,一般 K 值为 2 左右。

由以下分析可以看出,如果电阻应变片牢固地粘贴在待测构件上,并一同变形,那么电阻丝的电阻变化率与被测点的应变成正比。电阻应变片就是利用这一原理将应变转换为电阻变化量的。

应变片的主要几何参数有:栅距 L 和丝栅宽度 b,制造厂常用 $b×L$ 表示。

电阻值,应变片的标准名义电阻值通常为 60、120、350、500、1 000 Ω 五种,一般为 120 Ω;灵敏系数是表示应变计变换性能的重要参数。其在单向应力状态下的标准标定装置上(纯弯曲梁或等强度梁,钢材的泊松比为0.285)用实验方法确定。测量时应变片沿梁的主应力方向粘贴,应变片的相对电阻变化与粘贴处的表面应变之比为其灵敏系数;生产单位在每批次中按一定比例抽样检查,取其平均值作为产品的灵敏系数。

目前常用的电阻应变片有丝绕式应变片、短接式应变片、箔式应变片、应变花及半导体应变计(见图 1-2-6)。

(1)丝绕式应变片。用电阻丝盘绕电阻片称为丝绕式电阻片,目前广泛使用的有半圆弯头平绕式,这种电阻片多用纸底和纸盖,价格低廉,适于实验室广泛使用,缺点是精度较差,横向效应系数较大。

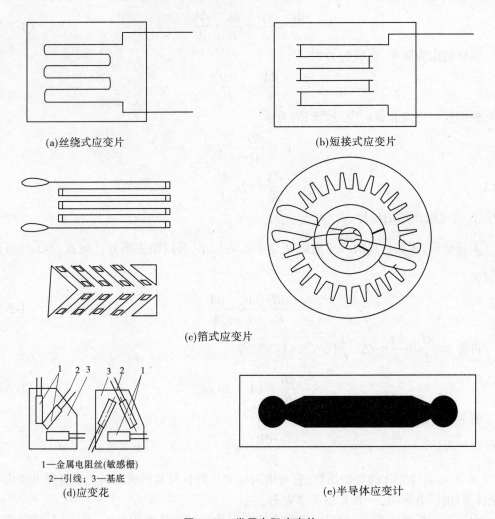

(a)丝绕式应变片   (b)短接式应变片

(c)箔式应变片

1—金属电阻丝(敏感栅)
2—引线；3—基底
(d)应变花   (e)半导体应变计

图 1-2-6　常用电阻应变片

（2）短接式应变片。优点：克服了回线式应变片的横向效应。缺点：在冲击、振动实验条件下，易在焊接点处出现疲劳破坏。

（3）箔式应变片。利用照相制版或光刻腐蚀的方法，将电阻箔材在绝缘基底下制成各种图形而成。

（4）应变花。一种具有两个或两个以上不同轴向敏感栅的电阻应变计，用于确定平面应力场中主应变的大小和方向。敏感栅由金属丝或金属箔制成，称为丝式应变花或箔式应变花。

（5）半导体应变计。π为半导体材料的压阻系数，它与半导体材料种类及应力方向与晶轴方向之间的夹角有关。用半导体材料（锗或硅）作为敏感元件。受应变后，其电阻率会发生变化，其电阻值也会随之改变——压阻效应。优点：灵敏度大，体积小。缺点：温度稳定性和可重复性不如金属应变片。

二、电阻应变仪的测量原理

通过电阻应变片可以将试件的应变转换成应变片的电阻变化,通常这种电阻变化很小。测量电路的作用就是将电阻应变片感受到的电阻变化率 $\dfrac{\Delta R}{R}$ 变换成电压(或电流)信号,再经过放大器将信号放大、输出。

测量电路有多种,惠斯通电路是最常用的电路(见图1-2-7)。设电桥各桥臂电阻分别为 R_1、R_2、R_3、R_4,其中任一桥臂都可以是电阻应变片。电桥的 A、C 为输入端,接电源 E,B、D 为输出端,输出电压为 U_{BD}。

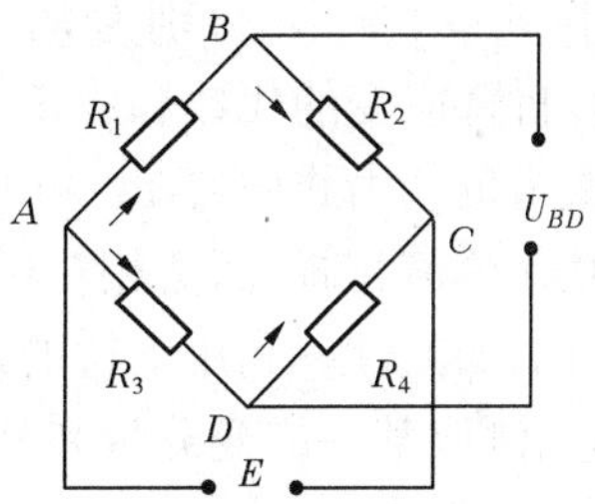

从 ABC 半个电桥来看,A、C 间的电压为 E,流经 R_1 的电流为

$$I_1 = \frac{E}{R_1 + R_2} \qquad (1\text{-}2\text{-}5)$$

R_1 两端的电压降为

$$U_{AB} = I_1 R_1 = \frac{R_1 E}{R_1 + R_2} \qquad (1\text{-}2\text{-}6)$$

同理,R_3 两端的电压降为

$$U_{AD} = I_3 R_3 = \frac{R_3 E}{R_3 + R_4} \qquad (1\text{-}2\text{-}7)$$

图 1-2-7

因此,可得到电桥输出电压为

$$U_{BD} = U_{AB} - U_{AD} = \frac{R_1 E}{R_1 + R_2} - \frac{R_3 E}{R_3 + R_4} = \frac{(R_1 R_4 - R_2 R_3) E}{(R_1 + R_2)(R_3 + R_4)} \qquad (1\text{-}2\text{-}8)$$

由上式可知,当 $R_1 R_4 = R_2 R_3$ 或 $\dfrac{R_1}{R_2} = \dfrac{R_3}{R_4}$ 时,输出电压 U_{BD} 为零,称为电桥平衡。

设电桥的四个桥臂与粘在构件上的四枚电阻应变片联接,当构件变形时,其电阻值的变化分别为:$R_1 + \Delta R_1$、$R_2 + \Delta R_2$、$R_3 + \Delta R_3$、$R_4 + \Delta R_4$,此时电桥的输出电压为

$$U_{BD} = E \frac{(R_1 + \Delta R_1)(R_4 + \Delta R_4) - (R_2 + \Delta R_2)(R_3 + \Delta R_3)}{(R_1 + \Delta R_1 + R_2 + \Delta R_2)(R_3 + \Delta R_3 + R_4 + \Delta R_4)} \qquad (1\text{-}2\text{-}9)$$

经整理、简化并略去高阶小量,可得

$$U_{BD} = E \frac{R_1 R_2}{(R_1 + R_2)^2}\left(\frac{\Delta R_1}{R_1} - \frac{\Delta R_2}{R_2} - \frac{\Delta R_3}{R_3} + \frac{\Delta R_4}{R_4}\right) \qquad (1\text{-}2\text{-}10)$$

当四个桥臂电阻值均相等,即 $R_1 = R_2 = R_3 = R_4 = R$,且它们的灵敏系数均相同时,将关系式 $\dfrac{\Delta R}{R} = K\varepsilon$ 代入式(1-2-10),则电桥输出电压为

$$U_{BD} = \frac{E}{4}\left(\frac{\Delta R_1}{R_1} - \frac{\Delta R_2}{R_2} - \frac{\Delta R_3}{R_3} + \frac{\Delta R_4}{R_4}\right) = \frac{EK}{4}(\varepsilon_1 - \varepsilon_2 - \varepsilon_3 + \varepsilon_4) \qquad (1\text{-}2\text{-}11)$$

由于电阻应变片是测量应变的专用仪器,电阻应变仪的输出电压 U_{BD} 是用应变值 ε_{d} 直接显示的。电阻应变仪有一个灵敏系数 K_0,在测量应变时,只需将电阻应变仪的灵敏

系数调节到与应变片的灵敏系数相等。当 $\varepsilon_d = \varepsilon$ 时,即应变仪的读数 ε_d 不需进行修正,否则,需按式(1-2-12)进行修正

$$K_0 \varepsilon_d = K\varepsilon \tag{1-2-12}$$

则其输出电压为

$$U_{BD} = \frac{EK}{4}(\varepsilon_1 - \varepsilon_2 - \varepsilon_3 + \varepsilon_4) = \frac{EK}{4}\varepsilon_d \tag{1-2-13}$$

由此可得电阻应变仪的读数为

$$\varepsilon_d = \frac{4U_{BD}}{EK} = \varepsilon_1 - \varepsilon_2 - \varepsilon_3 + \varepsilon_4 \tag{1-2-14}$$

式中,ε_1、ε_2、ε_3、ε_4 分别为 R_1、R_2、R_3、R_4 感受的应变值。式(1-2-14)表明电桥的输出电压与各桥臂应变的代数和成正比。应变 ε 的符号由变形方向决定,一般规定拉应变为正,压应变为负。由式(1-2-14)可知,电桥具有以下基本特性:两相邻桥臂电阻所感受的应变 ε 为其代数值相减;而两相对桥臂电阻所感受的应变 ε 为其代数值相加。这种作用也称为电桥的加减性。利用电桥的这一特性,正确地布片和组桥,可以提高测量的灵敏度、减小误差、测取某一应变分量和补偿温度影响。

三、温度补偿

电阻应变片对温度变化十分敏感。当环境温度变化时,因应变片的线膨胀系数与被测构件的线膨胀系数不同,且敏感栅的电阻值随温度的变化而变化,所以测得的应变将包含温度变化的影响,不能反映构件的实际应变,因此在测量中必须设法消除温度变化的影响。消除温度影响的措施是温度补偿。在常温应变测量中温度补偿的方法是采用桥路补偿法,它是利用电桥特性进行温度补偿的。

(一)补偿块补偿法

把粘贴在构件被测点处的应变片称为工作片,并接入电桥的 AB 桥臂;另外以相同规格的应变片粘贴在与被测构件相同材料但不参与变形的一块材料上,并与被测构件处于相同温度条件下,此应变片称为温度补偿片。将温度补偿片接入电桥与工作片组成测量电桥的半桥,与电桥的另外两桥臂(为应变仪内部固定无感标准电阻)组成等臂电桥。由电桥特性可知,只要将补偿片正确地接在桥路中即可消除温度变化所产生的影响。

(二)工作片补偿法

工作片补偿法不需要补偿片和补偿块,而是在同一被测构件上粘贴几个工作应变片,根据电桥的基本特性及构件的受力情况,将工作片正确地接入电桥中,即可消除温度变化所引起的应变,得到所需测量的应变。

四、应变片在电桥中的接线方法

应变片在测量电桥中,利用电桥的基本特性,可用各种不同的接线方法以达到温度补偿,从复杂的变形中测出所需要的应变分量,提高测量灵敏度和减少误差。

(一)半桥接线方法

(1)半桥单臂测量(见图1-2-8(a)):又称1/4桥,电桥中只有一个桥臂接工作应变片

（常用 AB 桥臂），而另一桥臂接温度补偿片（常用 BC 桥臂），CD 和 DA 桥臂接应变仪内标准电阻。考虑温度引起的电阻变化，可得到应变仪的读数为

$$\varepsilon_d = \varepsilon_1 + \varepsilon_{1t} - \varepsilon_t \tag{1-2-15}$$

由于 R_1 和 R 温度条件完全相同，因此 $\left(\dfrac{\Delta R_1}{R_1}\right)_t = \left(\dfrac{\Delta R}{R}\right)_t$，所以电桥的输出电压只与工作片引起的电阻变化有关，与温度变化无关，即应变仪的读数为 $\varepsilon_d = \varepsilon_1$。

（2）半桥双臂测量（见图 1-2-8(b)）：电桥的两个桥臂 AB 和 BC 上均接工作应变片，CD 和 DA 两个桥臂接应变仪内标准电阻。因为两工作应变片处在相同温度条件下，$\left(\dfrac{\Delta R_1}{R_1}\right)_t = \left(\dfrac{\Delta R_2}{R_2}\right)_t$，所以应变仪的读数为

$$\varepsilon_d = (\varepsilon_1 + \varepsilon_{1t}) - (\varepsilon_2 + \varepsilon_{2t}) = \varepsilon_1 - \varepsilon_2 \tag{1-2-16}$$

根据桥路的基本特性，自动消除了温度的影响，无须另接温度补偿片。

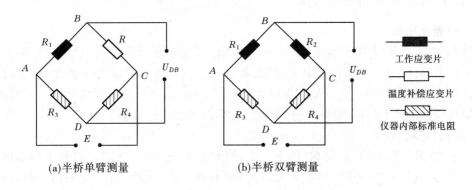

(a)半桥单臂测量　　　　　　　(b)半桥双臂测量

图 1-2-8　半桥电路接线法

(二) 全桥接线法

（1）相对桥对臂测量（见图 1-2-9(a)）：电桥中相对的两个桥臂接工作片（常用 AB 和 CD 桥臂），另两个桥臂接温度补偿片。此时，四个桥臂的电阻处于相同的温度条件下，相互抵消了温度的影响。应变仪的读数为

$$\varepsilon_d = (\varepsilon_1 + \varepsilon_{1t}) - \varepsilon_{2t} - \varepsilon_{3t} + (\varepsilon_4 + \varepsilon_{4t}) = \varepsilon_1 + \varepsilon_4 \tag{1-2-17}$$

（2）全桥测量（见图 1-2-9(b)）：电桥中的四个桥臂上全部接工作应变片，由于它们处于相同的温度条件下，相互抵消了温度的影响。应变仪的读数为

$$\varepsilon_d = \varepsilon_1 - \varepsilon_2 - \varepsilon_3 + \varepsilon_4 \tag{1-2-18}$$

同一个被测量值，其组桥方式不同，应变仪的读数 ε_d 也不相同。定义测量出的应变仪的读数 ε_d 与待测应变 ε 之比为桥臂系数，因此桥臂系数 B 为

$$B = \frac{\varepsilon_d}{\varepsilon} \tag{1-2-19}$$

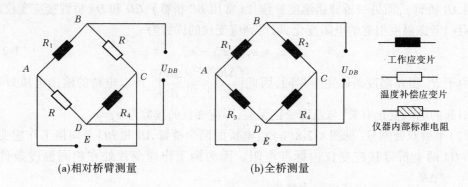

(a)相对桥臂测量　　　　　　(b)全桥测量

工作应变片

温度补偿应变片

仪器内部标准电阻

图 1-2-9　全桥电路接线法

五、电阻应变仪的使用方法

(一) 新建项目

单击"文件→新建项目"菜单,弹出一个标题为"新建项目文件"的新建文件对话框。输入文件名后,按"打开"按钮结束对话框,新项目建立完成。项目文件包含"通道设置"文件,"应变花设置"文件,它们的数据已经存在了,和默认项目中的设置相同。新建项目后如果对设置文件不满意,可对其进行修改,然后就可以进行采集了。

(二) 打开项目

单击"文件→打开项目"菜单,弹出一个标题为"打开项目文件"的打开文件对话框。选择文件名(或输入全部路径和文件名)后,按"打开"按钮,就打开了此项目。打开项目后,可以查看以前采集的数据,或继续采集等。

(三) 文件转换

单击"文件→文件转换"菜单,弹出如图 1-2-10 所示对话框。

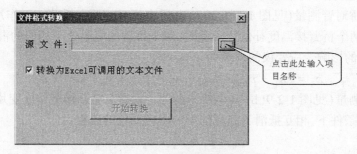

图 1-2-10　"文件格式转换"对话框

在源文件栏输入项目名称。按"开始转换"按钮。转换完成后会提示"转换完成"信息。此时在与源文件相同的路径下会产生一个文件名与项目相同,后缀名为"txt"的文本文件。此文件可以用"MicroSoft Excel"打开。步骤如下:启动"MicroSoft Excel",单击"文件→打开"菜单,在弹出的打开对话框的"文件类型"栏选择"＊.＊"。然后打开上面转换后的文本文件。在"文本导入向导"中选择"固定宽度"按"完成"按钮即可。

(四) 置为默认项目

将当前的设置参数保存到默认项目。新建项目时,设置参数将自动填到新项目中去。

(五) 通道设置

单击"数据采集→通道设置"菜单,弹出如图 1-2-11 所示对话框。

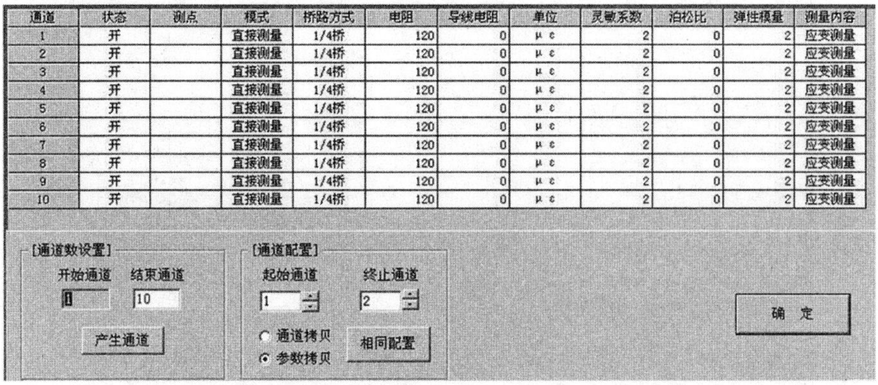

通道	状态	测点	模式	桥路方式	电阻	导线电阻	单位	灵敏系数	泊松比	弹性模量	测量内容
1	开		直接测量	1/4桥	120	0	μ ε	2	0	2	应变测量
2	开		直接测量	1/4桥	120	0	μ ε	2	0	2	应变测量
3	开		直接测量	1/4桥	120	0	μ ε	2	0	2	应变测量
4	开		直接测量	1/4桥	120	0	μ ε	2	0	2	应变测量
5	开		直接测量	1/4桥	120	0	μ ε	2	0	2	应变测量
6	开		直接测量	1/4桥	120	0	μ ε	2	0	2	应变测量
7	开		直接测量	1/4桥	120	0	μ ε	2	0	2	应变测量
8	开		直接测量	1/4桥	120	0	μ ε	2	0	2	应变测量
9	开		直接测量	1/4桥	120	0	μ ε	2	0	2	应变测量
10	开		直接测量	1/4桥	120	0	μ ε	2	0	2	应变测量

[通道数设置]　开始通道 [1]　结束通道 [10]　产生通道

[通道配置]　起始通道 [1]　终止通道 [2]　○通道拷贝　●参数拷贝　相同配置

确 定

图 1-2-11

在"结束通道"中输入通道数,按"产生通道"。程序产生通道并在表格中显示。与 TS3890A 相关的参数有"状态""桥路方式""电阻""单位""灵敏系数""弹性模量"和"测量内容"。

(1)状态:该栏可选择"开"和"关"两种状态。双击某通道的状态栏,弹出快捷菜单"开/关/全部开/全部关"进行选择就可改变状态。当某通道的状态为"关"时,仪器将不对该通道进行采集。

(2)桥路方式:有"1/4 桥""半桥""全桥"三种方式可供选择。根据各个通道的实际接法,进行设置。每个通道的桥路方式都可以单独设置。设置方法与"状态"设置方法相同。

(3)电阻:即应变片阻值,根据实际采用应变片的阻值进行输入。

(4)单位:即测量结果的单位,双击该栏进行选择即可。

(5)灵敏系数:即应变片的灵敏系数,将实际的灵敏系统输入即可。

(6)弹性模量:输入即可,计算应力时使用。

(7)测量内容:该栏可选择"应变测量"和"应力测量"两种方式。选择"应力测量"时使用"弹性模量",选择"应变测量"时忽略"弹性模量"。

(六) 通道配置

(1)通道拷贝步骤:选择通道拷贝,在表格中点击某通道(如第 2 通道),再按"相同配置",就会将"起始通道"和"终止通道"之间的所有通道的参数配置成与被选通道(第 2 通道)相同的参数。

(2)参数拷贝步骤:选择参数拷贝,在表格中点击某通道(如第 2 通道)的某个参数(如"状态"),再按"相同配置",就会将"起始通道"和"终止通道"之间的所有通道的选定参数("状态")配置成与被选通道(第2通道)的选定参数("状态")相同的参数。

全部设置完成后,按"确定"按钮退出。

(七)数据采集

单击"数据采集→通道设置"菜单,弹出如图1-2-12所示对话框。

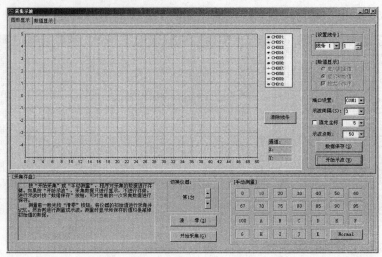

图 1-2-12

(八)图形显示

(1)设置线条:在"图形显示"中可显示10条曲线。每条曲线可显示任何打开通道。

(2)示波间隔:示波速度和采集速度都由它决定。采集点数多时建议定位2 s以上。

(3)坐标:选中"固定坐标"则曲线图纵坐标由"固定坐标"后面的数值决定。取消"固定坐标"则自动调节坐标。

(4)采集点数:通过它可以改变曲线图横坐标。

(5)开始示波:点击"开始示波"按钮,采集数据只进行显示,不进行存储。

(6)数据保存:在示波过程中,点击该按钮可对当前的一次采集数据进行保存。

(7)清零:按此按钮,仪器采集一次并保存,作为初始值。

(8)采集:按"开始采集"按钮,按钮表面文字变为"停止采集"。仪器以一定的采集间隔时间进行采集并保存数据,此间隔时间由"示波间隔"中的数值决定。按"停止采集"按钮,则停止采集。按"手动测量"方框内的按钮,也可进行采集。其中"0~K"的按钮只能按一次,每按一次按钮采集一次。对于"Normal"按钮没有限制,按一次采集一次并保存。

(九)数值显示

点击数值显示页面,此页面同时显示50点数据。通过点击"切换仪器"内的上下箭头,可在连接的仪器之间切换显示数据。

(1)初始值显示:选中"显示初始值",则列表框中显示各通道的初始值。此时如果在"按大小排序"前打钩,则列表框内的数据按由大到小的顺序排列。否则按通道号由小到大排序。

(2)测量值显示:选中"显示测量值",则列表框中显示各通道的测量值。此时如果在"按大小排序"前打钩,则列表框内的数据按由大到小的顺序排列。否则按通道号由小到大排序。显示界面如图 1-2-13 所示。

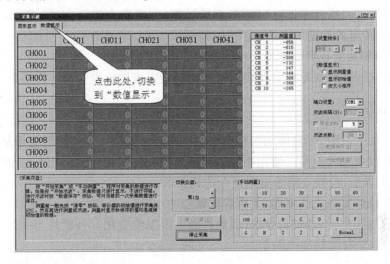

图 1-2-13

(十) 应变花设置

单击"数据采集→应变花设置"菜单,弹出"应变花设置"对话框,如图 1-2-14 所示。

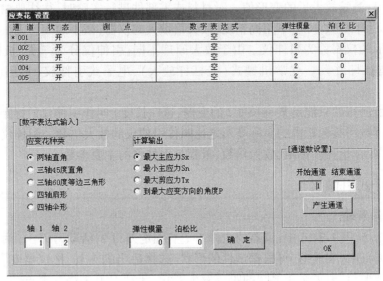

图 1-2-14 "应变花设置"对话框

(1)通道数设置:在结束通道中填入通道数。按"产生通道"按钮,程序产生通道并在表格中显示。

(2)数字表达式:在"数字表达式输入"框中,选择应变花种类,再选择要计算输出的类型。输入相应的测点、弹性模量、泊松比，按"确定"按钮。数字表达式、弹性模量、泊松比自动填入表格中，设置完毕后按"OK"退出对话框。

（十一）应变花计算输出

点击工具栏的"应变花计算"按钮，开始计算，完成后会提示完成。计算所需时间因应变花数目和测量的数据多少而定。

（十二）查看应变花计算结果

点击工具栏的"应变花数值列表"按钮，以列表方式显示应变花计算结果。

六、注意事项

（1）选用应变片时，尽量使用与初电阻值相同的电阻片。各片的阻值相差在 0.5 Ω。

（2）必须保证贴片质量。使用不同的黏结剂时应按照相应于所用黏结剂的干燥工艺进行干燥。干燥后，应检查绝缘电阻是否达到要求。

（3）应保证焊接头光滑牢固，无虚焊现象。

（4）测量过程中，不得触动导线，以免接触电阻发生变化。补偿片与工作片应放在同一温度场中，以免对温差造成误差。

§2.4　引伸仪

应用杠杆原理来测量变形的一种机械式引伸仪，其工作原理是通过两个杠杆系统来放大变形，然后测量放大后的变形值。对材料或零部件进行实验时，往往要测量变形的大小，这种变形是十分微小的，不用高精度，放大倍数大的仪器，微小的变形无法测得。用来测量微小变形的仪器称为引伸仪。由于放大原理不同，引伸仪分为三类：机械式引伸仪（齿轮放大或杠杆放大）、光学机械式（光杠杆放大）、电子式引伸仪（利用电学原理放大）。

引伸仪所测得的只能是某一长度 l 的变形，这一长度 l 叫作引伸仪的标距。把从引伸仪中得到的读数与某标距内的实际变形之比叫作引伸仪的放大倍数。引伸仪能测量变形的最大范围，叫作量程。标距、放大倍数、量程是引伸仪的主要参数。

一、杠杆式引伸仪

（一）工作原理

如图 1-2-15、图 1-2-16 中，仪器的主体 1 上有固定刀刃 2，活动刀刃 3。两刀刃间距离 l 称为仪器的标距。实验时，可根据试件的形状，选择适当的夹具，把仪器安装在试件上。当试件受力变形后，刀刃 2、3 之间的距离发生变化，活动刀刃 3 绕其支点转动，刀刃 3 与杠杆 4 为一体，杠杆 4 的转动又带动 T 形连杆 5，并推动大指针 6 绕其支轴 7 转动。通过这一系列杠杆放大，使指针偏转并在标尺 8 上示出读数 ΔB（$\Delta B = B_2 - B_1$）。指针在标尺上的读数 ΔB 与试件的变形 Δl 有如下关系：

$$\Delta B = \frac{h_2 h_4}{h_1 h_3} \Delta l \qquad\qquad (1\text{-}2\text{-}20)$$

令式中
$$\frac{h_2 h_4}{h_1 h_3} = m$$

m 称为仪器的放大倍数,其倒数 $k = \dfrac{1}{m}$,叫作刻度分度值。

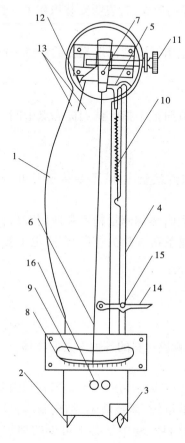
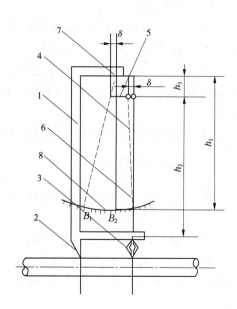

1—引伸仪主体;2—固定刀刃;3—活动刀刃;
4—杠杆;5—T 形连杆;6—大指针;7—支轴;8—标尺;
9—镜子;10—弹簧;11—调节钮;12—小指针;
13—量程标志点;14—锁杆;15—销钉;16—安装孔

图 1-2-15　杠杆引伸仪

1—主体;2—固定刀刃;3—活动刀刃;
4—杠杆;5—T 形联杆;6—指针;
7—支轴;8—标尺

图 1-2-16　杠杆引伸仪的传动系统

标尺 8 上有 0~40 个刻度。若测量中指针超出刻度的范围,可转动调节钮 11,使指针再回到原始起点。转动调节钮 11 时,小指针 12 也随着移动,当小指针 12 接近量程标志点 13 时,表示仪器可调范围用尽,不得再调,否则会使 T 形连杆 5 脱落。弹簧 10 用来拉住各个杠杆,消除支点间隙。仪器不用时,要用锁杆 14 锁住销钉 15,这样就避免了各杠杆支撑间的磨损。仪器上的安装孔 16,是安装夹具或安装标距加长杆用的,用不同的标距加长杆可使标距在 20~1 000 mm 范围内改变。

(1)首先检查仪器的指针是否在正常位置,即大、小指针均应在其量程的中间。

(2)装好安装用的夹具,夹具上的顶尖应与两刀刃的中心在同一平面上。

(3)将仪器安装在试件上。在安装时,应先使固定刀刃与试件接触,然后使活动刀刃接触试件。两刀刃应在预测变形的方向上,再用适当的力夹紧。

(4)检查仪器是否安装正确。首先检查刀刃是否与试件全面接触,然后打开锁杆,指针应在标尺刻度范围之内。否则,调回标尺刻度中。此时,沿所测变形方向轻轻推动一下引伸仪的标尺板,若指针颤动后又回到原位,并无蠕动形象,就表明安装稳妥了。否则,应卸下来,关锁后重新安装。

(5)调整指针。当测量伸长变形时,用调节钮把指针调到标尺刻度的 0 点一端;当测量缩短变形时,调到标尺刻度的末端。

(6)读变形数值。读数时视线应与镜面垂直。

(7)实验完毕,卸去荷载后取下仪器。先用调节钮把小指针调到标志点中间,关住锁杆,再将大指针调到标尺中间,妥善放入盒内。

(二)注意事项

(1)由于引伸仪较精细,用时须轻拿轻放,手只许接触主体,不要接触刀刃、弹簧、杠杆和指针等零件,以防生锈影响精度。

(2)安装时,夹紧力应适当,不要过大过小,过大时影响测量精度和使用寿命;过小时容易脱落,为防止脱落,使用时可将引伸仪用细线绳系在试验机固定部分,也不要乱磨两刀刃。

(3)用完后,应将锁杆关上,防止杠杆任意活动。

二、蝶式引伸仪

蝶式引伸仪属机械接触式移位计,最适合用来测量材料的各种不大的位移,从而获取材料的机械力学性能的指标。

蝶式引伸仪构造简单,使用方便,工作可靠,适应性好,经济耐用,而且可以重复使用,并可通过增大标距来提高测量的灵敏度。该仪器重量轻,读数清晰,结构紧凑,可根据不同精度要求选用百分表或千分表,因此该仪器在材料实验中是必不可少的理想的测量仪器。

(一)蝶式引伸仪结构及原理

蝶式引伸仪(见图 1-2-17,图 1-2-18)主要由三部分组成:感受变形的部分、传递部分、指示部分。

(1)感受变形部分:主要由上刀口和下刀口组成,并直接与试棒接触。上刀口可在标杆上下移动,在选择位置上固定,下刀口可绕自身中点移动,上、下刀口之间的纵向距离就是试样的标距长度,横向距离就是试样的直径变化范围,上、下刀口具有较高的硬度和耐磨性。

(2)传递部分:把变形传递到量表,通过表装在左、右主体内的两活动下刀口来实现,活动刀口的一端是 60°尖角。另一端镶有顶尖,均经淬硬处理。活动下刀口分别被支撑在旋入左右主体的螺轴锥尖上,形成等臂杠杆,两支承点的配合情况影响量表的灵敏度,而 1∶1 的长比关系将直接影响量表的数值,引伸仪工作时,传递部分的任务是将试样标距范围内的变形量传递到配用量表上,通过指针直接反映出来。

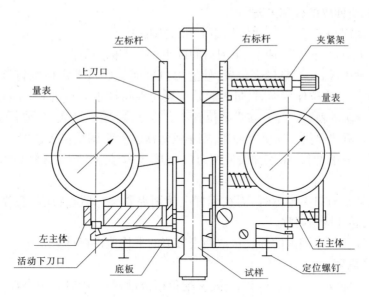

图 1-2-17　蝶式引伸仪结构图

图 1-2-18　蝶式引伸仪的外观图

　　(3)指示部分:该型式的引伸仪配用的两只量表(分度值为 0.01 mm 的百分表或分度值为 0.001 mm 的千分表)可按不同精度要求选用,量表测杆的端部镶硬质合金片,经研磨光洁度▽10 以上。

　　从图 1-2-17 上可以看出,当蝶式引伸仪上、下刀口紧卡在试件上时,试件受压所产生的轴向位移,使活动下刀绕中点转动。杠杆比为 1∶1,因此量表反映出轴位移数值 K。

　　从构造原理可知,蝶式引伸仪对应测量的灵敏度是可变的,随灵敏度标距的增大而提高,但使仪器的量程变小,因为量表的量程是一定的。

(二)蝶式引伸仪的使用方法

(1)根据使用和实际需要,决定标距值和选用量表。

(2)调整上刀口的位置,使上、下刀口间的距离等于标距值。

(3)松开紧固螺钉,调整量表位置,使上刀口底面与底板上定位螺钉接触,顶尖与量表测量平面接触。测拉伸变形时,量表起始位置应在指针正向行程 0.1 mm 以上。然后,固定好量表,转动量表罩圈使其在需要位置上。需注意,紧固量表时,要保证量表测杆能上下运动自如,不被卡住。如重复使用,则不需每次实验都调整量表位置。

(4)握住蝶式引伸仪,压缩弹簧使两刀口分开,夹持在试件上,如嫌夹紧力不够,可调整连接板簧帽。

(5)当增加上刀口夹紧力时,需在标杆上使用夹紧架,其位置应尽量靠近上刀口处,夹紧力也可以通过簧帽调整。

(6)试件在标距范围内的伸长量取两表数值的平均值进行计算。

(三)注意事项

(1)蝶式引伸仪是铝合金材料制作,又配备精密量表,使用时必须小心,轻拿轻放。

(2)量表测头,上、下刀口要保持清洁,用后擦净,涂上防锈油,套上刀口防护罩,放入盒内。

(3)蝶式引伸仪的下刀口由两锥体支承,出厂时已调整好,不得随便调整。

(4)在被测试件的变形超过最大量程时,必须卸下蝶式引伸仪,停止使用,以免损坏仪器。

(5)当使用簧帽调整弹簧夹紧力时,在仪器使用后,必须把簧帽退回原始位置。

第 3 章　基本实验

§3.1　操作实验

一、电子万能试验机的操作

(一) 实验目的

(1) 了解万能试验机的构造和工作原理。

(2) 学会试件的安装、软件的操作与应用。

(3) 掌握操作规程,学会独立操作电子万能试验机。

(二) 实验步骤

(1) 认真阅读实验讲义,并与具体试验机对照,弄清试验机的主要部件及作用,了解它的性能特点。

(2) 掌握试验机的操作规程、安全注意事项和操作方法。

(3) 按照操作规程认真练习,着重练习下列环节:

①检查试验机是否处于正常状态。主要包括:试件夹头的形式和尺寸是否与试件要求一致;软件运行是否正常。

②安装拉伸试件时,应使夹持长度至少等于夹头长度,并应将试件夹正,安装压缩试件时应将试件摆正、居中。

二、电阻应变仪操作

(一) 实验目的

(1) 了解电阻应变仪的构造和工作原理。

(2) 学会半桥接线法和全桥接线法。

(3) 掌握电桥的初始平衡和再平衡的调节方法。

(4) 掌握操作规程,学会独立操作电阻应变仪。

(二) 实验步骤

(1) 认真阅读实验讲义,对照实物弄清电阻应变仪各种调节钮的作用及调节方法。

(2) 掌握电阻应变仪的操作规程、安全注意事项及操作方法。

(3) 按照操作规程认真练习,着重练习下列环节:

①将工作应变片和温度补偿片正确地接在电阻应变仪的接线柱上或者预调平衡箱的接线柱上。

②按照电阻应变片标定的灵敏系数,调整灵敏系数旋钮,使之相符。

③按照初始平衡的调节顺序,使指标针指零。

④加载后按照再平衡的调节顺序,使表针回到零点,读出正确的应变值。

(三)思考题

(1)怎样选择应变仪的量程?

(2)什么是半桥接线法和全桥接线法?

(3)温度补偿片有何作用?

(4)怎样利用电阻应变仪进行多点测量?

三、引伸仪的使用

(一)实验目的

(1)了解杠杆引伸仪和蝶式引伸仪的构造和工作原理。

(2)学会引伸仪的安装和使用方法。

(二)实验步骤

(1)认真阅读实验讲义,对照实物弄清引伸仪的主要部件及作用。了解它们的性能特点。

(2)掌握操作规程和使用注意事项。

(3)按照操作规程认真练习。

(三)思考题

(1)根据什么确定测量试件的标距?

(2)引伸仪安装时活动刀刃偏斜过大,可能造成什么不良后果?

(3)读数时,指针与影像不重合会产生什么影响?

(4)引伸仪安装得过紧或过松会产生什么不良影响?

§3.2　压缩实验

一、实验目的

(1)测定压缩时低碳钢的屈服极限 σ_s 和铸铁的强度极限 σ_b。

(2)观察两种材料在压缩时的变形和破坏现象,并进行比较,分析原因。

二、实验设备

(1)微机控制电子万能试验机。

(2)游标卡尺。

三、实验原理

低碳钢和铸铁等金属材料的试件一般制成圆柱形,当试件承受压缩时,上下两端面与试验机承垫之间产生很大的摩擦力,这些摩擦力阻碍试件上部和下部的横向变形,导致测得的抗压强度比实际的偏高,当试件的高度相对增加时,摩擦力对试件中部的影响将有所减小。因此,试件的抗压能力与试件的高度 h_0 和直径 d_0 的比值有关。为了减小摩擦力的影响,以避免试件发生弯曲,在相同的实验条件下,对不同材料的压缩性能进行比较,金属材料的压缩试件一般规定:$1 \leqslant \dfrac{h_0}{d_0} \leqslant 3$。

压缩实验是在电子万能试验机上进行的。为了尽量使试件承受轴向压力,试件两端面必须完全平行,并且与试件轴线垂直。

电子万能试验机附有球形承垫(见图 1-3-1),位于试验机的下端,当试件两端面稍有不平行时,可以起到调节作用,使压力通过试件的轴线。

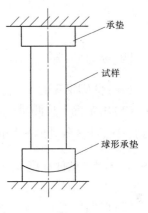

实验时,试验机的电脑会自动绘出低碳钢和铸铁的压缩关系曲线(见图 1-3-2),在低碳钢的压缩曲线中,超过比例荷载 P_p 后开始出现变形增长较快的一小段,表明达到屈服荷载 P_s。屈服现象远不如拉伸时明显,所以在确定屈服荷载 P_s 时要仔细观察。在均匀缓慢加载的情况下,在实验力—时间图像中,随时间的增加,实验力均匀增加,当材料屈服时,实验力增加缓慢或者有倒退的情况。此时的荷载即为 P_s,则

图 1-3-1

$$\sigma_s = \frac{P_s}{A_0}$$

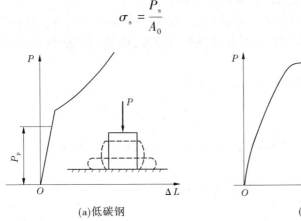

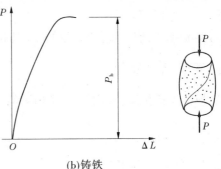

(a)低碳钢　　　　　　　　　　　(b)铸铁

图 1-3-2　应力—应变曲线

屈服阶段过后,图形沿曲线继续上升,这是由于塑性变形迅速增大,内部晶体结构重新进行排列,试件截面面积也随之增大,相应地能承受更大的荷载,试件被压成鼓形(见图 1-3-3),最后被压成饼形而不破裂,所以无法测出最大荷载。铸铁试件达到最大荷载 P_b 时,就突然发生破裂,此时实验力迅速减小,读出 P_b 值,铸铁试件破坏后表面出现与轴线约成 45° 的倾斜断裂面,这主要是由剪应力引起的。

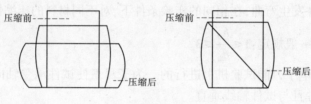

图 1-3-3

四、实验步骤

(一)低碳钢实验

(1)用游标卡尺测量试件两端及三处横截面的直径 d_0 并记录,每次在相互垂直方向各测一次,计算各处的平均值,取其中最小值计算截面面积 A_0(保留三位有效数字)。用游标卡尺测量试件高度 h_0 并记录,计算比值 $\dfrac{h_0}{d_0}$。

(2)根据公式 $P_{\max} > \dfrac{1}{4}\pi d_0^2 \sigma_s = 0.785\sigma_s d_0^2$,估计最大荷载 $P_{\max}$ 的大小。

(3)将试件准确地放在试验机活动台承垫的中心上。

(4)打开实验软件,点击"试样录入→参数设置→联机→开始实验",点击软件界面上的"↓"图标,当移动横梁接近试件时,减慢移动横梁的速度,避免急剧加载,仔细观察实验图形。

(5)实验结束,取出试件使试验机一切构件复原。

五、实验结果处理

(1)根据实验记录,利用式(1-3-1)计算出低碳钢压缩实验的屈服强度 σ_s。

$$\sigma_s = \frac{P_s}{A_0} \tag{1-3-1}$$

式中,A_0 为原截面的面积。

利用式(1-3-2)计算出铸铁的压缩实验的强度极限 σ_b。

$$\sigma_b = \frac{P_b}{A_0} \tag{1-3-2}$$

(2)填写实验报告表(见表 1-3-1)。

表 1-3-1

材料名称	试样高度 h(mm)	直径 d_0(mm)			横截面面积 A(mm²)	屈服荷载 P_s(kN)	最大荷载 P_b(kN)
		1	2	平均			
低碳钢							
铸铁							

六、思考题

(1)分析低碳钢与铸铁试件在压缩过程中及破坏后有哪些区别?

(2)为什么低碳钢压缩时测不出强度极限?

§3.3　拉伸实验

拉伸实验是目前应用最广泛的强度实验,它为土木工程设计、机械制造及其他各种工业部门提供可靠的材料强度数据,便于合理地使用材料,保证结构物或机器及其杆件或零件的强度。拉伸实验能显示金属材料从变形到破坏全过程的力学特征。

一、实验目的

(1)测定低碳钢的强度指标(σ_s、σ_b)和塑性指标(δ、φ)。

(2)测定铸铁的强度极限 σ_b。

(3)观察拉伸实验过程中的各种现象。

(4)比较低碳钢和铸铁的力学性能。

二、实验设备

(1)微机控制电子万能试验机。

(2)游标卡尺。

三、试件

试件可制成圆形或矩形截面。本实验采用圆形截面试件(见图 1-3-4),试件中段用于测量拉伸变形,其长度 L 称为"标距"。两端较粗部分为夹持部分,安装在试验机夹头中,以便夹紧试件。

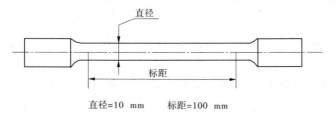

直径=10 mm　　标距=100 mm

图 1-3-4　试件

实验表明,试件的尺寸和形状对材料的塑性性质影响很大,为了能正确地比较材料的力学性能,国家对试件的尺寸和形状都做了标准化规定。直径 $d_0 = 20$ mm,标距 $L_0 = 200$ mm($L_0 = 10d_0$)或者 $L_0 = 100$ mm($L_0 = 5d_0$)的圆截面叫作"标准试件"。如因原料尺寸限制或其他原因不能采用标准试件,可以用"比例试件"。

四、实验原理

材料力学性能 σ_s、σ_b 和 δ、φ 是由拉伸破坏实验测定的。试验机备有各种形式的夹头,一般采用楔形夹板夹头,夹板表面制成凸纹,以夹牢试件。

实验时,电子万能试验机的电脑会自动绘出低碳钢拉伸曲线(见图 1-3-5(a))和铸铁拉伸曲线(见图 1-3-5(b))。应该指出,图形中的拉伸变形 ΔL 是整个试件的伸长,不是标距部分的伸长,如要测定标距部分的变形,需要特殊设备和试件的滑动等。试件开始受力时,夹持部分在夹板内滑动较大,所以绘出的拉伸曲线最初为一段曲线。

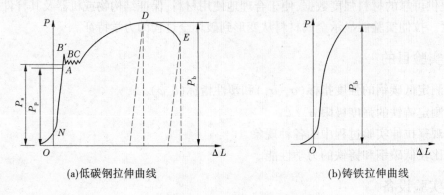

(a)低碳钢拉伸曲线　　　　　　　　　　　(b)铸铁拉伸曲线

图 1-3-5　应力—应变曲线

对于低碳钢材料,曲线中发现 OA 直线,说明 P 正比于 ΔL,此阶段称为弹性阶段。屈服阶段常呈锯齿形,表示荷载基本不变,变形增加很快,材料失去抵抗变形能力,有两个屈服点。B' 点为上屈服点,它受变形大小和试件等因素影响;B 点为下屈服点,下屈服点比较稳定,所以工程上常以下屈服点对应的荷载作为屈服荷载。测定屈服荷载 P_s 时必须缓慢而均匀地加载,并利用公式 $\sigma_s = P_s/A_0$ 计算屈服极限。屈服阶段终了后,要使试件继续变形,就必须增加荷载。材料进入强化阶段,若在这一阶段的某点卸载到零,则得到一条卸载曲线,并发现它与弹性阶段的曲线基本平行,当重新加载时,加载曲线基本与卸载曲线重合,此曲线基本与未经卸载的曲线相同,这就是冷作硬化现象。当荷载达到强度荷载 P_b 后,在时间的某一局部发生显著变形,荷载逐渐减小,应用公式 $\sigma_b = P_b/A_0$。

对于铸铁试件在变形极小时,就达到最大荷载而突然发生断裂,没有直线屈服和颈缩现象,只有强化阶段,因此要求测出强度荷载即可。可应用公式 $\sigma_b = P_b/A_0$ 计算铸铁强度极限 σ_b。

五、实验步骤

(一)低碳钢实验

(1)为了便于观察变形沿轴向的分布和计算延伸率,用划线机在试件标距 L_0 范围内每隔 10 mm 刻划一圆周线将标距分为 10 格。

用游标卡尺测量标距两端及中间 3 个横截面处的直径,在每个横截面直径互相垂直方各测一次,并记录,分别计算各处直径的平均值,取其中最小值作为计算试件的横截面面积 A_0。

(2)根据低碳钢的强度极限 σ_b 和试件横截面面积 A_0 估算试件的最大荷载

$$P_b = \frac{1}{4}\pi d_0^2 \sigma_b = 0.785\sigma_b d_0^2 \tag{1-3-3}$$

(3)先将试件夹持部分安装在试验机的上夹头内,再调整下夹头使之达到适当的位置,把试件下端部安装在下夹头内,夹紧。

(4)请教师检查以上步骤的完成情况,然后点击实验开始按钮。

(5)实验开始后,试验机缓慢匀速加载,观察图形情况及相应的实验现象,当实验力扳动或者波动时,说明材料开始屈服,按要求读出屈服荷载 P_s 并记录,过屈服阶段后可用较快的速度加载,直至试件断裂,读出最大荷载 P_b 并记录。

(6)取下断裂后的试件,将断裂试件的两端对齐尽量压紧,用游标卡尺测量断后的标距 L_1。当断口在标距长度的中央 $\frac{1}{3}$ 区域内时,可用卡尺直接测出拉断后的标距 L_1,当断口不在标距长度的中央 $\frac{1}{3}$ 区域内时,要采用断口移中的办法(即将断口借计算法移至中央),以测量试件拉断后的标距 L_1。设两标点 c 至 c_1 之间共 10 格,取左边标点 c 至断口间的格数至断口间的 2 倍 n' 格(取整数)的 b 点,最后得 cb 段的长度为 L',再由点 b 向右取格数 n'' 至 a 点,使 $n'+2n''=10$ 格,然后量出 ba 的长度 L'',这样可以算出断裂后的标距

$$L_1 = L' + 2L'' \tag{1-3-4}$$

为什么要将断口借计算法移中呢?因为断口靠近试件两端时,在断裂试件的较短的一段上,必将受到试件头部较粗部分的影响,从而降低了颈缩部分的局部伸长量,使 δ 的数值偏小。

当断口非常靠近试件两端,且与头部距离等于或小于直径的 2 倍时,实验无效,需要重做。

将试件对齐测量断口处直径 d_1,方法是在断口处两个互相垂直的直径方向各测一次,求出直径平均值,计算断口处横截面面积 A_1。

(二)铸铁实验

用游标卡尺测量标距两端及中间三个横截面处的直径,在每个横截面直径互相垂直方各测一次,并记录,分别计算各处直径的平均值,取其中最小值作为计算试件的横截面面积 A_0。

(1)~(4)步同前(低碳钢操作步骤)。

(5)开动试验机并缓慢匀速加载,直至试件断裂,记录最大荷载 P_b。

(6)同前(低碳钢操作步骤)。

当断口非常靠近试件两端时,实验无效,需重做实验。

六、实验结果处理

(一)低碳钢实验

(1)根据实验记录计算低碳钢的屈服强度 σ_s 及强度极限 σ_b。

$$\sigma_s = P_s/A_0 \qquad (1\text{-}3\text{-}5)$$

$$\sigma_b = P_b/A_0 \qquad (1\text{-}3\text{-}6)$$

（2）根据实验前后试件的标距及横截面面积,计算延伸率 δ 及断面收缩率 φ。

$$\delta = \frac{L_1 - L_0}{L_0} \times 100\% \qquad (1\text{-}3\text{-}7)$$

$$\varphi = \frac{A_0 - A_1}{A_0} \times 100\% \qquad (1\text{-}3\text{-}8)$$

(二)铸铁实验

（1）根据实验记录计算铸铁的强度极限 σ_b。

（2）整理拉伸曲线注明比例尺及相应的单位,把 P_b 标在曲线的相应位置,填写实验结果(见表 1-3-2)。

表 1-3-2

材料名称	实验前试样尺寸					实验后试样尺寸		屈服载荷 P_s (kN)	破坏载荷 P_b (kN)
	直径 d_0(mm)			最小面积 A (mm^2)	平均面积 A_0 (mm^2)	标距 l_1 (mm)	断口处直径 d_1 (mm)		
	位置一	位置二	位置三						
低碳钢	1	1	1				1		
	2	2	2				2		
	平均	平均	平均				平均		
铸铁	1	1	1			—	—	—	—
	2	2	2						
	平均	平均	平均						

七、思考题

（1）低碳钢和铸铁在拉伸实验中的性能和特点有什么不同?

（2）低碳钢在拉伸过程中可分为几个阶段?各阶段有何特征?

（3）何谓"冷作硬化"现象?此现象在工程中如何运用?

§3.4 剪切实验

一、实验目的

（1）用直接受剪的方法测定低碳钢（或中碳钢）的剪切强度极限 τ_b。
（2）观察破坏现象，分析破坏原因。

二、实验设备

（1）液压式万能材料试验机。
（2）剪切器。
（3）游标卡尺。

三、实验原理

剪切实验一般采用圆柱形试件，直径 d_0 为 10 mm，长 L 为 140 mm，表面有一定光洁度（见图 1-3-6）。

图 1-3-6 圆柱形试件

把试件安装在剪切器内，把剪切器准确地安放在试验机上，用试验机对剪切器施加荷载，这时试件承受剪切变形，试件有两个截面受剪，随着荷载 P 的增加，受剪处的材料经过弹性、屈服等阶段，最后沿受剪面剪断，由副针读出剪断时的最大荷载 P_b，通过公式计算出剪切强度极限 τ_b。

$$\tau_b = \frac{P_b}{2A_0} \tag{1-3-9}$$

从剪坏的试件上可以看到破坏面并非圆平面，如图 1-3-7 所示，说明试件还受挤压应力的作用。

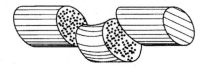

图 1-3-7 剪坏的试件

同时还可以看到中间一段略有弯曲。可见试件承受的作用不是单纯的剪切，所以剪切强度极限 τ_b 并不理想，但是这与结构零件，如螺栓、铆钉、键等受力情况一样，故 τ_b 仍具有实用价值。

四、实验步骤

(1)取出试件,用游标卡尺测量试件的直径 d_0 并记录(沿中间横截面两个互相垂直的直径方向各测量一次,取其平均值),计算出横截面面积 A_0(保留三位有效数字)。

(2)根据材料性质和试件直径,利用式(1-3-10)估算破坏时所需要的最大荷载 P_b,选择合适的测力度盘,配置相应的摆锤,调整指针对准零点,并使副针与主针重合。

$$P_b = 2 \times \frac{1}{4}\pi d_0^2\tau_b = 1.57\tau_b d_0^2 \tag{1-3-10}$$

(3)将试件放置于剪切器中,把剪切器安放在万能材料试验机活动台垫板中心上,并与压头对正。

(4)开动试验机,使活动台上升,注意上下对正,当上、下快要接触时,放慢上升速度,使上、下两部分缓缓接触。然后均匀缓慢地加载直至试件破坏,由副针读出最大荷载(破坏荷载)P_b,并记录。

(5)取下剪切器,将断裂后的试件取出,观察破坏情况,整理用具,将试验机的机构复原。

五、实验结果处理

(1)根据实验记录,利用公式 $\tau_b = \dfrac{P_b}{2A_0}$ 计算低碳钢(中碳钢)的剪切强度极限 τ_b。

(2)填写实验报告。

§3.5　扭转实验

一、实验目的

(1)在比例极限内验证扭转虎克定律,测定剪切弹性模量。
(2)测定低碳钢的剪切屈服模量 τ_s 和剪切强度极限 τ_b。
(3)测定铸铁的剪切强度极限 τ_b。
(4)观察两种材料在扭转时的变形和破坏现象,并分析破坏原因。

二、实验设备

(1)扭转试验机。
(2)游标卡尺。

三、实验原理。

低碳钢和铸铁的 φ—M 曲线如 1-3-8 图的(a)、(b)所示。当低碳钢承受的扭矩在剪切比例极限以内时,处于弹性阶段的 OA(见图 1-3-8(a)),切应力和切应变服从虎克定律,即 $\tau = G\gamma$。

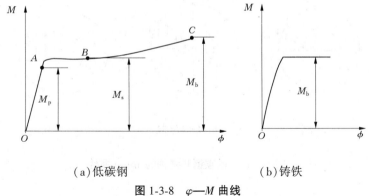

（a）低碳钢　　　　　　　　（b）铸铁

图 1-3-8　φ—M 曲线

试件受扭时,试件表面形成塑区,转角越大,塑性区越深入到中心,φ—M 曲线开始平坦,到 B 点时 $M_x = M_s$,可以近似地认为当扭矩超过整个截面切应力,都达到屈服极限 τ_s。

圆柱形试件在扭转时,横截面边缘上任一点处于纯剪切应力状态（见图 1-3-9）。由于纯剪切应力状态是属于二向应力状态,两个主应力的绝对值相等,大小等于横截面上该点处的剪应力 τ,σ_1 与轴线成 45°角。圆杆扭转时横截面上有最大剪应力,而 45°斜截面上有最大拉应力,由此可以分析低碳钢和铸铁扭转时的破坏原因。由于低碳钢的抗剪强度低于抗拉强度,试件横截面上的最大剪应力引起沿横截面剪断破坏;而铸铁抗拉强度低于抗剪强度,试件由与杆轴线成 45°的斜截面上的 σ_1 引起拉断破坏。

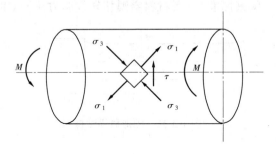

图 1-3-9

在低碳钢试件受扭过程中,通过扭矩传感器和扭角传感器进行数据采集,A/D 转换和处理,并输入计算机,得到 M—φ 曲线（见图 1-3-10）。

$$M_s = \int_A \tau_s \rho \mathrm{d}A = \tau_s \int_A \rho \mathrm{d}A = \frac{4}{3}\tau_s W_n \qquad \tau_s = \frac{3}{4}\frac{M_s}{W_n} \qquad (1\text{-}3\text{-}11)$$

其中,$W_n = \dfrac{\pi d^3}{16}$。

变形经过 B 点以后材料开始强化,到 C 点时剪断,τ_b 近似等于 $\dfrac{3}{4}\dfrac{M_b}{W_n}$,而铸铁的 M—φ

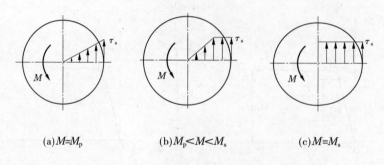

(a)$M=M_p$　　　　　　(b)$M_p<M<M_s$　　　　　　(c)$M=M_s$

图 1-3-10　低碳钢和铸铁的 M—φ 曲线

曲线从开始受扭直到破坏,近似认为是直线,按弹性应力公式其剪切强度极限取 $\tau_b = \dfrac{M_b}{W_n}$。

四、实验材料

实验所用试件与拉伸试件标准相同,如图 1-3-11 所示。按照国家标准《金属材料室温扭转实验方法》(GB/T 10128—2007),金属扭转试样的形状随着产品的品种、规格以及实验目的的不同而分为圆形截面试样和管形截面试样两种。其中最常用的是圆形截面试样,如图 1-3-11所示。由于做扭转实验时,试样表面的切应力最大,试样表面的缺陷将敏感地影响实验结果,所以对扭转试样的表面粗糙度的要求要比拉伸试样的高。对扭转试样的加工技术要求参见国家标准《金属材料室温扭转实验方法》(GB/T 10128—2007)。

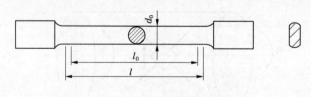

图 1-3-11　圆形截面试样

五、实验步骤及其注意事项

(1)试件准备:在试件上画出长度为 l_0 的标距线,在标距的两端及中部 3 个位置上,沿两个相互垂直方向各测量一次直径并取平均值,再从 3 个平均值中取最小值作为试件的直径 d_0。

(2)试验机准备:按试验机→计算机→打印机的顺序开机,开机后须预热 10 min 才可使用。按照"软件使用手册",运行配套软件。

(3)安装夹具:根据试件情况准备好夹具,并安装在夹具座上。若夹具已安装好,对夹具进行检查。

(4)夹持试件:先将试件一端夹持于试验机的固定夹头上,检查试验机的零点,调整试验机的活动夹头并夹紧试件的另一端。沿试件表面画一母线以定性观察变形现象。

（5）开始实验：按运行命令按钮，按照软件设定的方案进行实验。

（6）记录数据：试件断裂后，取下试件，观察分析断口形貌和塑性变形能力，填写实验数据和计算结果。

六、实验结果的处理

低碳钢材料剪切屈服强度

$$\tau_s = \frac{3M_s}{4W_p} \qquad (1\text{-}3\text{-}12)$$

低碳钢材料剪切强度极限

$$\tau_b = \frac{3T_b}{4W_p} \qquad (1\text{-}3\text{-}13)$$

铸铁扭转由开始直到破坏近似一直线，其剪切强度极限因铸铁试件在断裂前呈脆性破坏，可近似应用弹性公式计算。

铸铁材料的剪切强度

$$\tau_b = \frac{T_b}{W_p} \qquad (1\text{-}3\text{-}14)$$

实验结果具体填写在表 1-3-3 中。

表 1-3-3

材料	低碳钢		灰铸铁	
试样尺寸	直径 $d=$　　mm		直径 $d=$　　mm	
实验后的试样草图				
实验数据	屈服扭矩 $T_s=$　　　　N·m 最大扭矩 $T_b=$　　　　N·m 扭转屈服应力 $\tau_s = 0.75T_s/W_p=$　　MPa 抗扭强度 $\tau_b = 0.75T_b/W_p=$　　MPa		最大扭矩 $T_b=$　　　　N·m 抗扭强度 $\tau_b = T_b/W_p=$　　MPa	
试样的扭转图				

七、思考题

（1）比较低碳钢与铸铁试样的扭转破坏断口，并分析它们的破坏原因。

（2）低碳钢拉伸屈服极限和剪切屈服极限有何关系？

§3.6　纯弯曲梁的正应力实验

一、实验目的

(1)测定梁在纯弯曲时横截面上正应力大小和分布规律。

(2)验证纯弯曲梁的正应力计算公式。

二、实验仪器设备和工具

(1)组合实验台中纯弯曲梁实验装置。

(2)XL2118 系列静态电阻应变仪。

(3)游标卡尺、钢板尺。

三、实验原理及方法

在纯弯曲条件下,根据平面假设和纵向纤维间无挤压的假设,可得到梁横截面上任一点的正应力,计算公式为

$$\sigma = \frac{My}{I_z} \tag{1-3-15}$$

式中,M 为弯矩,$M = Pa/2$;I_z 为横截面对中性轴的惯性矩;y 为所求应力点至中性轴的距离。

简支梁受力变形原理分析简图如图 1-3-12 所示。

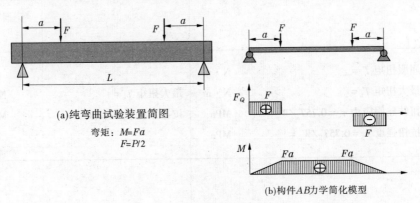

(a)纯弯曲试验装置简图

弯矩:$M=Fa$
$F=P/2$

(b)构件AB力学简化模型

图 1-3-12　纯弯曲梁受力分析简图

为了测量梁在纯弯曲时横截面上正应力的分布规律,在梁的纯弯曲段沿梁侧面不同高度,平行于轴线贴有应变片(见图 1-3-13)。

实验可采用半桥单臂、公共补偿、多点测量的方法。加载采用增量法,即每增加等量的荷载 ΔP,测出各点的应变增量 $\Delta \varepsilon_{i实}$,然后分别取各点应变增量的平均值 $\overline{\Delta \varepsilon_{i实}}$,依次求出各点的应力增量

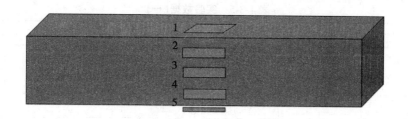

图 1-3-13　应变片在梁中的位置

$$\sigma_{i\text{实}} = E\Delta\varepsilon_{i\text{实}} \qquad (i = 1,2,3,4,5) \tag{1-3-16}$$

将实测应力值与理论应力值进行比较,以验证弯曲正应力公式。

四、实验步骤

(1)设计好本实验所需的各类数据表格。

(2)测量矩形截面梁的宽度 b 和高度 h、荷载作用点到梁支点距离 a 及各应变片到中性层的距离 y_i,见表 1-3-4。

表 1-3-4　试件相关参考数据(一)

应变片至中性层距离(mm)		梁的尺寸和有关参数
y_1	−20	宽度 $b = 20$ mm
y_2	−10	高度 $h = 40$ mm
y_3	0	跨度 $L = 600$ mm
y_4	10	荷载距离 $a = 125$ mm
y_5	20	弹性模量 $E = 206$ GPa
		泊松比 $\mu = 0.26$
		惯性矩 $I_z = bh^3/12 = 1.067 \times 10^{-7}$(m^4)

(3)拟订加载方案。可先选取适当的初荷载 P_0(一般取 $P_0 = 10\% P_{max}$ 左右),估算 P_{max}(该实验荷载范围 $P_{max} \leqslant 4\ 000$ N),分 4~6 级加载。

(4)根据加载方案,调整好实验加载装置。

(5)按实验要求接好线,调整好仪器,检查整个测试系统是否处于正常工作状态。

(6)加载。均匀缓慢加载至初荷载 P_0,记下各点应变的初始读数;然后分级等增量加载,每增加一级荷载,依次记录各点电阻应变片的应变值 $\varepsilon_{i\text{实}}$,直到最终荷载。实验至少重复两次,见表 1-3-5。

表 1-3-5　实验数据(一)

荷载 (N)	P						
	ΔP						
各测点电阻应变仪读数 $\mu\varepsilon$	1	ε_{p}					
		$\Delta\varepsilon_{\mathrm{p}}$					
		$\overline{\Delta\varepsilon_{\mathrm{p}}}$					
	2	ε_{p}					
		$\Delta\varepsilon_{\mathrm{p}}$					
		$\overline{\Delta\varepsilon_{\mathrm{p}}}$					
	3	ε_{p}					
		$\Delta\varepsilon_{\mathrm{p}}$					
		$\overline{\Delta\varepsilon_{\mathrm{p}}}$					
	4	ε_{p}					
		$\Delta\varepsilon_{\mathrm{p}}$					
		$\overline{\Delta\varepsilon_{\mathrm{p}}}$					
	5	ε_{p}					
		$\Delta\varepsilon_{\mathrm{p}}$					
		$\overline{\Delta\varepsilon_{\mathrm{p}}}$					

(7)做完实验后,卸掉荷载,关闭电源,整理好所用仪器设备,清理实验场,将所用仪器设备复原,实验资料交指导教师检查签字。

五、注意事项

(1)测试仪未开机前,一定不要进行加载,以免在实验中损坏试件。

(2)实验前一定要设计好实验方案,准确测量实验计算用数据。

(3)加载过程中一定要缓慢加载,不可快速进行加载,以免超过预定加荷载值,造成测试数据不准确,同时注意不要超过实验方案中预定的最大荷载,以免损坏试件;该实验最大荷载 4 000 N。

(4)实验结束,一定要先将荷载卸掉,必要时可将加载附件一起卸掉,以免误操作损坏试件。

(5)确认荷载完全卸掉后,关闭仪器电源,整理实验台面。

六、实验结果处理

(一)实验值计算

根据测得的各点应变值 $\varepsilon_{i\text{读}}$ 求出应变增量平均值 $\overline{\Delta\varepsilon_{i\text{读}}}$,代入胡克定律计算各点的实

验应力值,因 $1\mu\varepsilon = 10^{-6}\varepsilon$,所以各点实验应力为

$$\sigma_{i\text{实}} = E \times \overline{\Delta\varepsilon_{i\text{实}}} \times 10^6 \qquad (i = 1,2,3,4,5) \qquad (1\text{-}3\text{-}17)$$

(二)理论值计算

荷载增量 $\qquad\qquad\qquad\qquad \Delta P = \qquad$ N

弯矩增量 $\qquad\qquad\qquad\qquad \Delta M = \dfrac{\Delta Pa}{2} = \qquad$ N·m

各点理论值计算

$$\sigma_{i\text{理}} = \frac{\Delta M y_i}{I_z} \qquad (i = 1,2,3,4,5) \qquad (1\text{-}3\text{-}18)$$

(三)绘出实验应力值和理论应力值的分布图

分别以横坐标轴表示各测点的应力 $\varepsilon_{i\text{实}}$ 和 $\varepsilon_{i\text{理}}$,以纵坐标轴表示各测点距梁中性层位置 y_i,选用合适的比例绘出应力分布图。

(四)实验值与理论值的比较

将实验值与理论值填入表 1-3-6,并计算相对误差。

表 1-3-6

测点	理论值 $\sigma_{i\text{理}}$(MPa)	实际值 $\sigma_{i\text{实}}$(MPa)	相对误差(%)
1			
2			
3			
4			
5			

§3.7　空心圆管在弯扭组合变形下主应力测定

一、实验目的

(1)用电测法测定平面应力状态下主应力的大小及方向,并与理论值进行比较。

(2)测定空心圆管在弯扭组合变形作用下的弯曲正应力和扭转剪应力。

(3)进一步掌握电测法。

二、实验仪器设备和工具

(1)弯扭组合实验装置。

(2)XL2118 系列静态电阻应变仪。

(3)游标卡尺、钢板尺。

三、实验原理和方法

(一) 测定主应力大小和方向

空心圆管受弯扭组合作用,使圆管发生组合变形,圆管的 m 点处于平面应力状态。在 m 点单元体上作用有由弯矩引起的正应力 σ_x(见图 1-3-14),由扭矩引起的剪应力 τ_n,主应力是一对拉应力 σ_1 和一对压应力 σ_3,单元体上的正应力 σ_x 和剪应力 τ_n 可按下式计算

$$\left.\begin{array}{l} \sigma_x = \dfrac{M}{W_z} \\ \tau_n = \dfrac{M_n}{W_T} \end{array}\right\} \tag{1-3-19}$$

式中,M 为弯矩,$M = PL$;M_n 为扭矩,$M_n = Pa$;W_z 为抗弯截面模量,对空心圆筒:

$$W_z = \frac{\pi D^3}{32}\left[1 - \left(\frac{d}{D}\right)^4\right] \tag{1-3-20}$$

W_T 为抗扭截面模量,对空心圆筒:

$$W_T = \frac{\pi D^3}{16}\left[1 - \left(\frac{d}{D}\right)^4\right] \tag{1-3-21}$$

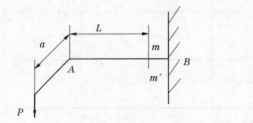 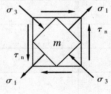

图 1-3-14　圆筒 m 点应力状态

由二向应力状态分析可得到主应力及其方向

$$\left.\begin{array}{l} \left.\begin{array}{l} \sigma_1 \\ \sigma_3 \end{array}\right\} = \dfrac{\sigma_x}{2} \pm \sqrt{\left(\dfrac{\sigma_x}{2}\right)^2 + \tau_n^2} \\ \tan 2\alpha_0 = \dfrac{-2\tau_n}{\sigma_x} \end{array}\right\} \tag{1-3-22}$$

本实验装置采用的是 45°直角应变花,在 m、m' 点各贴一组应变花(见图 1-3-15),应变花上 3 个应变片的 α 角分别为 -45°、0°、45°,该点主应变和主方向为

$$\left.\begin{array}{l} \left.\begin{array}{l} \varepsilon_1 \\ \varepsilon_3 \end{array}\right\} = \dfrac{\varepsilon_{45°} + \varepsilon_{-45°}}{2} \pm \dfrac{\sqrt{2}}{2}\sqrt{(\varepsilon_{45°} - \varepsilon_{0°})^2 + (\varepsilon_{-45°} - \varepsilon_{0°})^2} \\ \tan 2\alpha_0 = \dfrac{\varepsilon_{45°} - \varepsilon_{-45°}}{2\varepsilon_{0°} - \varepsilon_{45°} - \varepsilon_{-45°}} \end{array}\right\} \tag{1-3-23}$$

主应力和主方向为

$$\left.\begin{array}{c}\dfrac{\sigma_1}{\sigma_3} = \dfrac{E(\varepsilon_{45°} + \varepsilon_{-45°})}{2(1 - \mu)} \pm \dfrac{\sqrt{2}E}{2(1 + \mu)} \sqrt{(\varepsilon_{45°} - \varepsilon_{0°})^2 + (\varepsilon_{-45°} - \varepsilon_{0°})^2} \\[3mm] \tan 2\alpha_0 = \dfrac{\varepsilon_{45°} - \varepsilon_{-45°}}{2\varepsilon_{0°} - \varepsilon_{45°} - \varepsilon_{-45°}} \end{array}\right\} \quad (1\text{-}3\text{-}24)$$

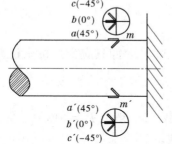 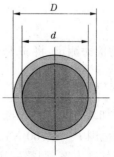

图 1-3-15　测点应变花布置及空心圆管截面图

(二) 弯曲正应力测定

空心圆管虽为弯扭组合变形,但 m 和 m' 两点沿 x 方向只有因弯曲引起的拉伸和压缩应变,且两应变等值异号,因此将 m 和 m' 两点处应变片 b 和 b' 采用半桥组桥方式测量,即可得到 m、m' 两点由弯矩引起的轴向应变 ε_M,则截面 m—m' 的弯曲正应力实验值为

$$\sigma_x = E\varepsilon_M$$

(三) 扭转剪应力

当空心圆管受纯扭转时,m 和 m' 两点 45° 方向和 -45° 方向的应变片都是沿主应力方向,且主应力 σ_1 和 σ_3 数值相等符号相反。因此,采用全桥组桥方式测量,可得到 m 和 m' 两点由扭矩引起的主应变 ε_n。因扭转时主应力 σ_1 和剪应力 τ 相等。则可得到截面 m—m' 的扭转剪应力实验值为

$$\tau_n = \frac{E\varepsilon_n}{1 + \mu} \qquad (1\text{-}3\text{-}25)$$

四、实验步骤

(1) 设计好本实验所需的各类数据表格。

(2) 测量试件尺寸、加力臂长度和测点距力臂的距离,确定试件有关参数。见表 1-3-7。

表 1-3-7　试件相关参考数据(二)

圆筒的尺寸和有关参数	
计算长度 $L = 240$ mm	弹性模量 $E = 190 \sim 210$ GPa
外　　径 $D = 40$ mm	泊松比 $\mu = 0.26 \sim 0.33$
内　　径 $d = 32$ mm(钢)/34 mm(铝)	
扇臂长度 $a = 248$ mm	

（3）将空心圆管上的应变片按不同测试要求接到仪器上，组成不同的测量电桥。调整好仪器，检查整个测试系统是否处于正常工作状态。

①主应力大小、方向测定：将 m 和 m' 两点的所有应变片按半桥单臂、公共温度补偿法组成测量线路进行测量。

②弯曲正应力测定：将 m 和 m' 两点的 b 和 b' 两只应变片按半桥双臂组成测量线路进行测量（$\varepsilon_M = \dfrac{\varepsilon_d}{2}$）。

③扭转剪应力测定：将 m 和 m' 两点的 a、c 和 a'、c' 四只应变片按全桥方式组成测量线路进行测量（$\varepsilon_n = \dfrac{\varepsilon_d}{4}$）。

（4）拟订加载方案。可先选取适当的初荷载 P_0（一般取 $P_0 = 10\% P_{max}$ 左右），估算 P_{max}（该实验荷载范围 $P_{max} \leq 700$ N），分 4~6 级加载。

（5）根据加载方案，调整好实验加载装置。

（6）加载。均匀缓慢加载至初荷载 P_0，记下各点应变的初始读数；然后分级等增量加载，每增加一级荷载，依次记录各点电阻应变片的应变值，直到最终荷载。实验至少重复两次。见表 1-3-8、表 1-3-9。

表 1-3-8　实验数据（二）

荷载	P									
（N）	ΔP									
各测点电阻应变仪读数 $\mu\varepsilon$	m 点	45°	ε_p							
			$\Delta\varepsilon_p$							
			$\overline{\Delta\varepsilon_p}$							
		0	ε_p							
			$\Delta\varepsilon_p$							
			$\overline{\Delta\varepsilon_p}$							
		−45°	ε_p							
			$\Delta\varepsilon_p$							
			$\overline{\Delta\varepsilon_p}$							
	m' 点	45°	ε_p							
			$\Delta\varepsilon_p$							
			$\overline{\Delta\varepsilon_p}$							
		0°	ε_p							
			$\Delta\varepsilon_p$							
			$\overline{\Delta\varepsilon_p}$							
		−45°	ε_p							
			$\Delta\varepsilon_p$							
			$\overline{\Delta\varepsilon_p}$							

（7）做完实验后，卸掉荷载，关闭电源，整理好所用仪器设备，清理实验现场，将所用仪器设备复原，实验资料交指导教师检查签字。

表 1-3-9 实验数据（三）

荷载			100	200	300	400	500	600
（N）	P							
	ΔP		100	100	100	100	100	
电阻应变仪读数 $\mu\varepsilon$	弯矩 ε_M	ε_p						
		$\Delta\varepsilon_p$						
		$\overline{\Delta\varepsilon_p}$						
	扭矩 ε_n	ε_p						
		$\Delta\varepsilon_p$						
		$\overline{\Delta\varepsilon_p}$						

（8）实验装置中,圆筒的管壁很薄,为避免损坏装置,注意切勿超载,不能用力扳动圆筒的自由端和力臂。

五、注意事项

（1）测试仪未开机前,一定不要进行加载,以免在实验中损坏试件。

（2）实验前一定要设计好实验方案,准确测量实验计算所需数据。

（3）加载过程中一定要缓慢加载,不可快速加载,以免超过预定加载荷载值,造成测试数据不准确,同时注意不要超过实验方案中预定的最大荷载,以免损坏试件;该实验最大荷载为 700 N。

（4）实验结束,一定要先将荷载卸掉,必要时可将加载附件一起卸掉,以免误操作损坏试件。

（5）确认荷载完全卸掉后,关闭仪器电源,整理实验台面。

六、实验结果处理

（1）m 或 m' 点实测值主应力及方向计算:

$$\begin{matrix}\sigma_1\\\sigma_3\end{matrix} = \frac{E(\varepsilon_{45°} + \varepsilon_{-45°})}{2(1-\mu)} \pm \frac{\sqrt{2}E}{2(1+\mu)}\sqrt{(\varepsilon_{45°} - \varepsilon_{0°})^2 + (\varepsilon_{-45°} - \varepsilon_{0°})^2}$$

$$\tan 2\alpha_0 = \frac{\varepsilon_{45°} - \varepsilon_{-45°}}{2\varepsilon_{0°} - \varepsilon_{45°} - \varepsilon_{-45°}}$$

m 或 m' 点理论值主应力及方向计算:

$$\begin{matrix}\sigma_1\\\sigma_3\end{matrix} = \frac{\sigma_x}{2} \pm \sqrt{\left(\frac{\sigma_x}{2}\right)^2 + \tau_n^2}$$

$$\tan 2\alpha_0 = \frac{-2\tau_n}{\sigma_x}$$

（2）计算弯曲正应力、扭转剪应力。

①理论值计算

弯曲正应力

$$\sigma_x = \frac{M}{W_z}$$

$$W_z = \frac{\pi D^4}{32} \left[1 - \left(\frac{d}{D} \right)^4 \right]$$

扭转剪应力

$$\tau_n = \frac{M_n}{W_T}$$

$$W_T = \frac{\pi D^3}{16} \left[1 - \left(\frac{d}{D} \right)^4 \right]$$

②实测值计算

弯曲正应力

$$\sigma_x = E\varepsilon_M$$

扭转剪应力

$$\tau_n = \frac{E\varepsilon_n}{1 + \mu}$$

(3)实验值与理论值比较。

实验值与理论值比较见表 1-3-10 和表 1-3-11。

表 1-3-10　m 或 m' 点主应力及方向的试验值与理论值比较

比较内容		实验值	理论值	相对误差(%)
m 点	σ_1(MPa)			
	σ_3(MPa)			
	α_0(°)			
m' 点	σ_1(MPa)			
	σ_3(MPa)			
	α_0(°)			

表 1-3-11　m—m' 截面弯曲正应力和扭转剪应力的试验值与理论值比较

比较内容	实验值	理论值	相对误差(%)
σ_M(MPa)			
τ_n(MPa)			

七、思考题

(1)测量单一内力分量引起的应变,可以采用哪几种桥路接线法?

(2)主应力测量中,45°直角应变花是否可沿任意方向粘贴?

(3)对测量结果进行分析讨论,确定产生误差的主要原因是什么?

第 4 章　　选择性实验

§4.1　电阻应变片的粘贴技术

一、实验目的

(1)初步掌握常温用电阻应变片的粘贴技术。

(2)为后续电阻应变测量实验做好准备工作,即在试件上粘贴应变片、接线、防潮、检查等。

二、实验设备和器材

(1)万用表(测量应变片电阻值及绝缘阻抗)。

(2)502 或 501 黏结剂(氰基丙烯酸酯黏结剂)。

(3)25 W 电烙铁、镊子、偏口钳、剪刀、焊锡、剥线钳等工具。

(4)等强度梁试件,温度补偿块。

(5)丙酮、无水乙醇等清洗剂。

(6)测量导线、胶带若干,硅橡胶(密封用,可根据实际情况使用)。

(7)聚四氟乙烯(薄塑料)。

(8)常温用电阻应变片,每小组一包,约 10 枚。

三、实验方法和步骤

(1)用四位电桥测量应变片电阻值,选择电阻值差在±0.5 Ω 内的 5~6 枚应变片供粘贴用。

(2)将新购买或经冰箱保存的性能有效的 502 或 501 黏结剂瓶口打一小细孔,以便只流出少量胶液。

(3)先将试件待贴位置用细砂纸(约 300 目以上)打成 45°交叉,并用丙酮及无水乙醇蘸棉球将贴片位置附近擦洗干净直到棉球洁白,按图 1-4-1 所示布片图用钢笔画方向线,画线晾干后再用棉球擦一下。

(4)一手捏住应变片引出线,一手拿 502 黏结剂瓶,将瓶口向下在应变片底面上涂抹一层黏结剂,涂黏结剂后,立即将应变片底面向下平放在试件贴片部位,并使应变片基底对准方向线,将一小片聚四氟乙烯薄膜厚 0.05~0.1 mm 盖在应变片上,用手指按应变片挤出多余黏结剂(注意按住时不要使应变片移动),手指保持不动约 1 min 后再放开,轻轻掀开薄膜,检查有无气泡、翘曲、脱胶等现象,否则需重贴。注意黏结剂不要用得过多或过少,过多,则胶层太厚影响应变片性能;过少,则粘贴不牢不能准确传递应变。可事先用废

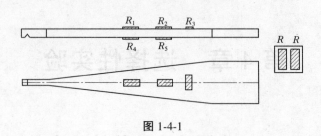

图 1-4-1

片试贴练习,掌握时间和用力,如用力过大,胶几乎全部被挤出,黏结不牢,甚至压坏应变片敏感栅。此外,应注意不要被 502 胶粘住手指或皮肤,如被粘上可用丙酮泡洗掉。502黏结剂有刺激性气味,不宜多吸入,切不要滴入眼睛。

(5)每个小组在补偿块上粘贴 2 片应变片,在等强度梁上粘贴 5 片应变片,共 7 片应变片。

(6)用万用表检查应变片是否是通路,如属敏感栅断开而不通则需重贴,如属焊点与引出线脱开而不通尚可补焊。将引出线与试件轻轻脱离。

(7)将导线塑料皮剥去约 3 mm 并涂上焊锡,测量导线用胶带固定在等强度梁上,使导线一端与应变片引出线靠近,然后用电烙铁将应变片引出线与测量导线锡焊,焊点要求光滑小巧,防止虚焊,再用万用表检查应变片是否通路,然后用兆欧表检查各应变片(一根导线)与试件之间的绝缘电阻,绝缘电阻大于 200 MΩ 为好。将导线编号,画布片和编号图。导线应布置整齐。

(8)用硅橡胶覆盖应变片区域,作防潮层,再检查通路和绝缘,将等强度梁和补偿块收存好。

(9)如果用其他黏结剂粘贴应变片则粘贴工艺不同,应按具体情况改变。

四、实验报告要求

(1)简述贴片、接线、检查等主要步骤。

(2)画布片和编号图(见图 1-4-1)。

(3)将贴好应变片的试件,固定到实验台上,加 10~40 N 荷载,验证应变变化。

(4)根据实际情况,学生可自行设计实验方案和数据表格。

五、注意事项

(1)测量应变阻值时,注意不要两只手都与应变片引线接触,以免将人体电阻并到应变片电阻中。

(2)焊接应变片导线时时间不要过长(一般在 3 s 左右),一次没有焊好应间隔几秒钟后再进行补焊。

(3)一定要将测量用连接导线用胶带固定好,以免将接线端子扯掉拽断应变片导线。

(4)焊接前,一定要将应变片导线上的残余胶黏剂清除干净(如用 502 胶水,可直接用电烙铁短时间加热,并镀上焊锡。

(5)焊完后的电阻应变片上多余连接导线用剪刀剪掉。

§4.2　电阻应变片灵敏系数标定

一、实验目的

掌握电阻应变片灵敏系数 K 值的标定方法。

二、实验仪器设备与工具

(1)材料力学组合实验台中等强度梁实验装置与部件。

(2)XL2118 系列静态电阻应变仪。

(3)游标卡尺、钢板尺、千分表、三点挠度仪。

三、实验原理与方法

在进行标定时,一般采用一单向应力状态的试件,通常采用纯弯曲梁或等强度梁。粘贴在试件上的电阻应变片在承受应变时,其电阻相对变化 $\dfrac{\Delta R}{R}$ 与 ε 之间的关系为

$$\frac{\Delta R}{R} = K\varepsilon \tag{1-4-1}$$

因此,通过测量电阻应变片的 $\dfrac{\Delta R}{R}$ 和试件 ε,即可得到应变片的灵敏系数 K。本实验采用等强度梁实验装置,如图 1-4-2。

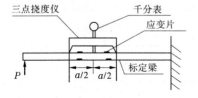 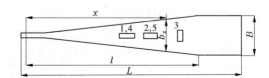

图 1-4-2　等强度梁灵敏系数标定安装及外形图

在梁等强度段上、下表面沿梁轴线方向粘贴 4 片应变片,在等强度梁等强度段安装一个三点挠度仪。当梁弯曲时,由挠度仪上的千分表可读出测量挠度(即梁在三点挠度仪长度 a 范围内的挠度)。根据材料力学公式和几何关系,可求出等强度梁上下表面的轴向应变为

$$\varepsilon = \frac{hf}{(a/2)^2 + f^2 + hf} \tag{1-4-2}$$

式中,h 为标定梁高度;a 为三点挠度仪长度;f 为挠度。

等强度梁参考参数:

梁的极限尺寸　　　　　　　$L{\times}B{\times}h = 526\ \text{mm}{\times}35\ \text{mm}{\times}9.3\ \text{mm}$

梁的工作尺寸 　　　　　$l \times B \times h = 430 \text{ mm} \times 35 \text{ mm} \times 9.3 \text{ mm}$

梁的断面应力 　　　　　$\sigma = 24.4 \text{ MPa}(30 \text{ N})$

梁有效长度段的斜率 　　$\tan\alpha = 0.042\,6$

应变片的电阻相对变化$\dfrac{\Delta R}{R}$可用高精度电阻应变仪测定。设电阻应变仪的灵敏系数为K_0,读数为ε_d,则

$$\frac{\Delta R}{R} = K_0 \, \varepsilon_d \tag{1-4-3}$$

由前文的式子可得到应变片灵敏系数K

$$K = \frac{\Delta R/R}{\varepsilon} = \frac{K_0 \, \varepsilon_d}{hf}\left[\left(\frac{a}{2}\right)^2 + f^2 + hf\right] \tag{1-4-4}$$

在标定应变片灵敏系数时,一般把应变仪的灵敏系数调至$K_0 = 2.00$,并采用分级加载方式,测量在不同荷载下应变片的读数应变ε_d和梁在三点挠度仪长度a范围内的挠度f。

四、实验步骤

(1)设计好本实验所需的各类数据表格。

(2)测量等强度梁的有关尺寸和三点挠度仪长度a,见表1-4-1。

表 1-4-1　试件相关参考数据(三)

试件数据及有关参数	
等强度梁厚度	$h = 9.3 \text{ mm}$
三点挠度仪长度	$a = 200 \text{ mm}$
电阻应变仪灵敏系数(设置值)	$K_0 = 2.00$
弹性模量	$E = 206 \text{ GPa}$
泊松比	$\mu = 0.26$

(3)拟订加载方案。确定三点挠度仪上千分表的初读数,估算最大荷载$P_{\max}$(该实验荷载范围$\leqslant 50 \text{ N}$),确定三点挠度仪上千分表的读数增量,一般分4~6级加载。

(4)实验采用多点测量中半桥单臂公共补偿接线法。将等强度梁上各点应变片按序号接到电阻应变仪测试通道上,温度补偿片接电阻应变仪公共补偿端,调节好电阻应变仪灵敏系数,使$K_0 = 2.00$。

(5)按实验要求接好线,调整好仪器,检查整个测试系统是否处于正常工作状态。

(6)实验加载。均匀慢速加载至初荷载P_0。记下各点应变片和三点挠度仪的初读数,然后逐级加载,每增加一级荷载,依次记录各点应变仪的ε_i及三点挠度仪的f_i,直至终

荷载。实验至少重复三次,见表1-4-2。

表1-4-2　实验数据(四)

荷载(N)	P								
	ΔP								
应变仪读数$\mu\varepsilon$	R_1	ε_p							
		$\Delta\varepsilon_p$							
		$\overline{\Delta\varepsilon_p}$							
	R_2	ε_p							
		$\Delta\varepsilon_p$							
		$\overline{\Delta\varepsilon_p}$							
	R_3	ε_p							
		$\Delta\varepsilon_p$							
		$\overline{\Delta\varepsilon_p}$							
	R_4	ε_p							
		$\Delta\varepsilon_p$							
		$\overline{\Delta\varepsilon_p}$							
挠度值	f								
	Δf								
	$\overline{\Delta f}$								

(7)做完实验后,卸掉荷载,关闭电源,整理好所用仪器设备,清理实验现场,将所用仪器设备复原,实验资料交指导教师检查签字。

五、注意事项

(1)测试仪未开机前,一定不要进行加载,以免在实验中损坏试件。

(2)实验前一定要设计好实验方案,准确测量实验计算用数据。

(3)加载过程中一定要缓慢加载,不可快速进行加载,以免超过预定加荷载值,造成测试数据不准确,同时注意不要超过实验方案中预定的最大荷载,以免损坏试件;该实验最大荷载50 N。

(4)实验结束,一定要先将荷载卸掉,必要时可将加载附件一起卸掉,以免误操作损坏试件。

(5)确认荷载完全卸掉后,关闭仪器电源,整理实验台面。

六、实验结果处理

(1)取应变仪读数($\Delta\varepsilon_p$)的平均值,计算每个应变片的灵敏系数K_i。

$$K_i = \frac{\Delta R/R}{\varepsilon} = \frac{K_0\,\varepsilon_d}{hf}\left(\frac{a^2}{4} + f^2 + hf\right) \qquad (i=1,2,3,4) \qquad (1\text{-}4\text{-}5)$$

(2)计算应变片的平均灵敏系数 K

$$K = \frac{\sum K_i}{n} \qquad (i = 1,2,3,4) \qquad (1\text{-}4\text{-}6)$$

(3)计算应变片灵敏系数的标准差 S

$$S = \sqrt{\frac{1}{n-1} \sum (K_i - K)^2} \qquad (i = 1,2,3,4) \qquad (1\text{-}4\text{-}7)$$

§4.3　条件屈服应力的测定

一、实验目的

掌握金属材料的条件屈服应力 $\sigma_{0.2}$ 的测定方法。

二、实验设备

(1)万能试验机。

(2)引伸仪。

三、实验原理

除退火或热轧低碳钢和中碳钢等少数合金有屈服现象外,大部分合金没有明显屈服现象,它们的拉伸曲线由弹性过渡到弹塑性是光滑连续的。因此,规定将发生 0.2% 残余应变的应力作为屈服极限,称为条件屈服极限,用 $\sigma_{0.2}$ 表示。A_0 为试件平行长度部分的原始截面面积。

$$\sigma_{0.2} = \frac{P_{0.2}}{A_0} \quad (\text{N/m}^2) \qquad (1\text{-}4\text{-}8)$$

式中,$P_{0.2}$ 为产生 0.2% 残余伸长力;

$$规定残余伸长值 = 0.2\% l_0 \qquad (1\text{-}4\text{-}9)$$

根据规定残余伸长值和引伸仪每分格的数字可以按式(1-4-10)算出规定残余伸长值在引伸仪上的分格数。

$$规定残余伸长值在引伸仪上的分格数 = \frac{规定残余伸长值}{引伸仪每分格值} \qquad (1\text{-}4\text{-}10)$$

实验时,首先加一定量的初荷载 p_0,记下引伸仪初读数,然后加第一次荷载,使它等于规定残余伸长值在引伸仪上的分格数加 1~2 分格。因为进入弹塑性阶段后的变形中包含少量弹性变形,所以 1~2 分格为弹性伸长。记下第一次加载时的引伸仪读数,同时记录荷载数值,然后卸载回到初荷载 p_0,并读出对应的引伸仪读数为卸载读数,卸载读数与初荷载 p_0 下引伸仪读数之差为第一次卸载的残余伸长量。

以后反复加载和卸载(卸载到 p_0),每次加载应使试件在标距长度内的总伸长为前一次总伸长加上规定残余伸长与该次加载的残余伸长(卸载到 p_0)之差,再加上 1~2 分格的弹性伸长增量。如此继续加载、卸载(卸载到 p_0),直至残余伸长等于或稍大于规定残余伸长值。

四、实验步骤

(1)测量试件在标距长度范围内的截面尺寸,用来计算截面面积 A_0。

(2)根据预期条件屈服应力 $\sigma_{0.2}$ 估算最终荷载值,用来选择试验机量程。

(3)安装试件,并小心正确安装引伸仪,使两刀刃位于试件的对称平面内。

(4)开动试验机,预加少量荷载,然后卸载,以检查试验机及仪器是否处于正常状态。

(5)慢速逐渐加荷载,记下此时引伸仪的初读数,算出第一次加载所需的引伸仪加载读数。由初荷载 p_0 加载到此加载读数并在试验机刻度盘上读出荷载数值,然后卸载至 p_0,记下此时的引伸仪读数,计算残余伸长。若此残余伸长小于规定残余伸长,则再进行第二次加载和卸载,直至试件的残余伸长达到或稍小于规定残余伸长。

五、实验结果的处理

(1)将实验数据整理、计算填入表 1-4-3 中。

(2)由插值法算出 $P_{0.2}$ 值,计算条件屈服应力 $\sigma_{0.2}$。

表 1-4-3

荷载(N)	加载读数(格)	卸载读数(格)	残余伸长(格)

§4.4　冲击实验

一、实验目的

测定低碳钢和铸铁的冲击韧度,并观察其破坏情况。

二、实验设备

JB-30A 型冲击试验机(结构如图 1-4-3(a)所示),由机械挂摆、摆臂、制动机构及指示器等部分组成。由电机 1 带动皮带轮 2 使摆臂 3 上升或下降,摆臂向下回转时,杆销 4 挂住摆杆 5,同时电动机反向,摆臂带动摆锤 6 同时上升,摆锤扬起一个角度,便获得一定势能,这时按动"摆臂下降"按钮,摆臂便自由落下,则摆锤的势能便转化成动能。冲断试件 7 所消耗的功,可以从试验机指示器 8 上读得。

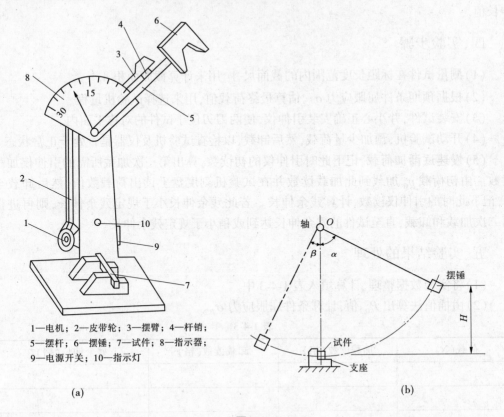

1—电机；2—皮带轮；3—摆臂；4—杆销；
5—摆杆；6—摆锤；7—试件；8—指示器；
9—电源开关；10—指示灯

(a)　　　　　　　　　　　　　(b)

图 1-4-3

三、实验原理

作用在构件上的荷载,在极短的时间内由零增加到最大值,称为冲击荷载。由于荷载作用的时间很短,测量荷载的变化和构件的变形都非常复杂。但是,构件受冲击荷载而破坏时所消耗的能量容易测量,因此一般就以材料受冲击荷载破坏时所消耗能量的大小,来衡量材料抵抗冲击的能力。

冲击实验装置如图 1-4-3(b)所示,重锤自一定高度落下来,打在试件上,试件受弯而折断。摆锤冲断试件之后,摆向一边,由摆锤冲击试件的高度差和摆锤的重量,就可以从试验机度盘上直接读出它所消耗的能量 U。若试件折断处的截面面积为 A,则材料的冲击韧度

$$\alpha_k = \frac{U}{A} \quad (\mathrm{N \cdot m/cm^2}) \tag{1-4-11}$$

冲击试件必须按规范加工成一定的尺寸和形状,试件中部加工一个缺口,是为了保证实验时试件在此冲断。

四、实验步骤

（1）测量试件尺寸。

（2）根据能量等级，选定锤重，装置摆锤。

（3）操作者将按钮盒拿在手中，应站在离试验机正前方约 1 m 处安全操作，把开关扳到"开"的位置。

（4）按"摆臂下降"按钮，使摆锤扬起处于冲击前的预备位置，再将指针拨到刻度的最大处。

（5）安装试件，将试件的切槽背面对着刀刃，用样板找正，使试件上的缺口正好处于钳口的跨距中间。

（6）试件安装好后，确定试验机处于正常情况时，可按"冲击"钮，摆锤冲断试件。

（7）记下度盘上的读数 U。

注意事项：因为冲击试验机的摆锤摆动时冲击能量很大，实验时必须严格遵守机器的操作规程，应该特别注意，在进行实验步骤（4）、（5）时，严禁触动"冲动"电钮，以防止危及人身安全和机器安全。

五、实验结果处理

计算低碳钢和铸铁的冲击韧度 $\alpha_k = \dfrac{U}{A}$，填写和计算表中数据（见表 1-4-4）。

表 1-4-4

材料	试样缺口处端面积（cm^2）	冲击功（$N \cdot m$）	冲击韧度 $\alpha_k = \dfrac{U}{A}$（$N \cdot m/cm^2$）
低碳钢			
铸铁			

六、问题讨论

冲击试件为什么要带缺口？

§4.5　疲劳实验

一、实验目的

（1）了解金属材料持久极限的测定方法。

（2）了解疲劳试验机的构造原理。

（3）观察疲劳破坏的现象。

二、实验原理及方法

持久极限是指材料在交变应力作用下能承受无限次应力循环而不发生破坏的最大应力，表示材料抵抗疲劳破坏的能力。本实验介绍纯弯曲情况下的对称循环持久极限的测定。

欲测材料的持久极限，需要 6~8 根尺寸相同的一组试件。依次改变每根试件的循环应力的最大值，得到相应的循环次数。为了减少实验次数，对于钢材来说，施加在第 1 根试件的最大应力约等于其强度极限的 60%。该应力是超过持久极限的，经过一定次数的循环，试件即断裂，记录其循环次数。施加在第 2 根试件上的应力较第 1 根试件减少 20%~40%，同样循环至破坏，记录循环次数。依次类推，测出各个应力对应的循环次数。

对于钢材试件，若在一定应力作用下经 10^7 次循环后不破坏，则可认为试件在此应力作用下继续循环亦不会破坏。

三、实验步骤

（1）取 6~8 根试件，检查试件表面加工质量。测量试件的直径，作为计算横截面面积用。选取其中任一根试件做静力拉伸实验，测定材料的强度极限，作为拟订加载方案的依据。

（2）开动试验机使其空转，检查电机运转是否正常。

（3）将试件装入试验机，牢固夹紧，使试件与试验机转轴保持良好的同心度，当用手慢慢转动试验机时，用千分表在试件自由端上测得的上、下跳动量，其值最好不大于 0.02 mm。

（4）进行实验，根据试件尺寸确定荷载大小（砝码重量），第 1 根试件的交变应力的最大值大约取强度极限的 60%。加载前，先开动机器，再迅速而无冲击地将砝码加到规定值，并记录转数计的初读数。试件经历一定次数的循环后，即发生断裂，试验机也自动停止工作，此时记录转数计的末读数。转数计末读数减去初读数即得试件的疲劳寿命。然后，对第 2 根试件进行实验，使其最大应力略低于第 1 根试件的最大应力值，同样记录转数计的读数。这样依次降低各个试件的最大应力，测定相应的各个试件的疲劳寿命。自第 6 根试件开始测定持久极限，观察断口形貌，注意疲劳破坏特性。

四、实验结果的处理

该实验所需时间太长，各实验小组可分别取一根试件进行实验，最后将数据集中处理，填写在表 1-4-5 中。

以 σ_{max} 为纵坐标，以 $\lg N$ 为横坐标，将各数据点（包括持久极限）绘在方格纸上，用曲线连接，即得 S—N 曲线曲线。

表 1-4-5

试件编号	砝码重量	...	转数计初读数	转数计末读数	疲劳寿命(N)	...	备注

§4.6　光弹性实验

一、实验目的

(1)了解光弹性仪各部分的名称和作用,掌握光弹性仪的使用方法。

(2)观察光弹性模型受力后在偏振光场中的光效应,并了解光弹性方法的基本原理。

(3)学会绘制等差线图,确定等差线条纹级数(整级数、半级数)。

(4)学会测量材料条纹值 f 的方法。

二、实验设备

WZD-Ⅲ型光弹性仪是进行光弹性实验的基本设备,光弹性仪由下列部件组成。

(1)光源 S(白光灯)。

(2)隔热玻璃 G(起隔热、保护其他光学原件的作用)。

(3)聚光镜 L。

(4)可变光栅 F(用以改变入射光的光准镜角)。

(5)准直镜 L_1(使光线变为平行光)。

(6)起偏镜 P 与检查镜 A(使自然光变成偏振光,称为偏振片),靠近光源的一块称为起偏镜,习惯上叫 P 片。后面的一片称为检偏镜,叫 A 片。偏振片有一条光轴,对光矢量起着"通过"和"阻挡"的作用。当光矢量平行于光轴时,光线可完全通过,而垂直于光轴时,光线被全部阻挡。若光矢量与光轴斜交,则只有平行于光轴的分量才能通过,所以 P 片把来自光源的光变为平面偏振光,而 A 片用来检验光波通过的情况。当两偏振镜轴互相垂直放置时(称为正交平面偏振布置(见图 1-4-4),形成暗场,通过调整一偏振镜轴为竖直方向,另一偏振镜轴为水平方向。当两偏振镜轴平行放置时(称为平行平面偏振布置)则呈亮场。两偏振镜有同步回转机构,能使其偏振轴同步旋转。

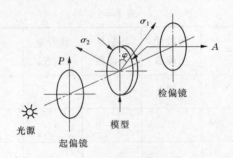

图 1-4-4　平面偏振光装置

（7）1/4 波片 Q_p 和 Q_a，它的作用是把平面偏振光变成圆偏振光。因为 1/4 波片有一对垂直光轴，波光沿一条光轴传播的速度比沿另一条光轴快 1/4 波长，即 π/2 相位，传播速度快的称快轴。将两块 1/4 波片的快慢轴置于相互垂直的位置，置于 P 片和 A 片之间，使 1/4 波片的快轴与 P 片的光轴成 45°，这样由 P 片射出的平面偏振光到达 1/4 波偏时，将沿快、慢轴分解成两束光，出 1/4 波片后产生 π/2 相位差，合成后就变成圆偏振光（见图 1-4-5）。

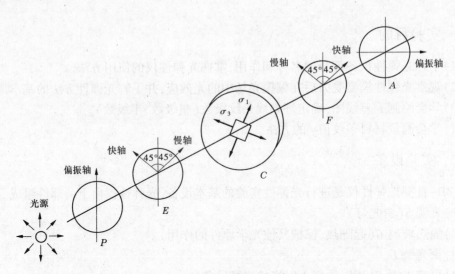

图 1-4-5　正交圆偏振光场布置简图

（8）加载架 M（使模型受力）。
（9）视场镜 L_2（透镜，使平行光聚焦）。
（10）照相机或投影屏幕 E。

三、实验原理和方法

光弹性实验是一种用光学方法测量受力模型上各点应力状态的实验应力分析方法。它是采用具有双折射性能的透明材料，制作与实际构件形状相似的模型，并在模型上施加与实际构件形状相似的外力,把承载的模型置于偏振光场中,可观察到一些与模型上各点应力状态有关的条纹,这些条纹可用来确定模型各点的应力。由于简单构件在拉伸、压缩、扭转和弯曲变形下,其应力分布与材料的弹性常数 E 和 μ 无关,因此实际构件中的应力可以运用相似原理,由模型的应力换算出来。

根据光的波动理论,由光源发出的光经过偏振片 P 成为平面偏振光,它通过在应力作用下用具有光敏性材料制成的模型后,产生双折射,使光沿着两个主应力方向分解为两个折射率不同的平面偏振光,其传播速度不同,产生光程差 δ,当检偏镜 A 的振动轴与起偏镜 P 振动轴正交时,光通过 A 镜后,就变成了与 A 镜振动轴平行的平面振动波,并产生光干涉现象。

光弹性方法的基本原理可以用图 1-4-6 加以说明,用具有双折射性能的透明材料(如环氧树脂塑料或聚碳酸酯塑料)制成与实际构件相似的模型,并将它放在起偏镜和检偏镜之间的平面偏振光场中。当模型不受力时,偏振光通过模型并无变化。如模型受力,且其某一单元的主应力为 σ_1 和 σ_2,则偏振光通过这一单元时,又将沿 σ_1 和 σ_2 的方向分解成互相垂直、传播速度不同的两束偏振光,这种现象称为双折射。由于两束偏振光在模型中的传播速度并不相同,穿过模型后它们之间产生一个光程差 Δ。实验结果表明,Δ 与该单元主应力差 $\sigma_1-\sigma_2$ 和模型厚度 h 成正比,即

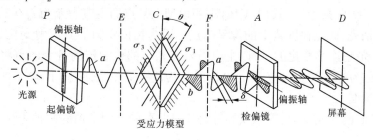

图 1-4-6

$$\delta = Ch(\sigma_1 - \sigma_2) \qquad (1\text{-}4\text{-}12)$$

式中,C 为模型材料应力光学常数,对某一波长的光波是个常数,式(1-4-12)通常称为应力光学定律。

在平面偏振光场的暗场中,单色平面偏振光通过受力模型产生双折射,在通过检偏镜后发生光干涉现象。根据光的波动理论,按图 1-4-6 的布置可用下式(1-4-13)描述干涉后的光强度

$$I = Ka^2 \sin^2 2\theta \sin^2\left(\frac{\pi\delta}{\lambda}\right) \qquad (1\text{-}4\text{-}13)$$

式中,K 为光学常数;a 为平面偏振光的振幅;θ 为偏振轴与主应力方向之间的夹角;λ 为光的波长。将式(1-4-12)代入式(1-4-13)得

$$I = Ka^2 \sin^2 2\theta \sin^2\left[\frac{\pi Ct(\sigma_1 - \sigma_2)}{\lambda}\right] \qquad (1\text{-}4\text{-}14)$$

从式(1-4-14)可以看出,光强 I 与主应力方向角 θ 及主应力差有关,并且可以看出光强 $I=0$(即消光现象)的可能性有两种情况,分别讨论如下:

（1）若 $\sin 2\theta = 0$，则 $I = 0$，即

$$\theta = 0° \quad \text{或} \quad \theta = 90°$$

上式表明，凡模型上某点的主应力方向与偏振轴 A 平行（或垂直），则出现消光现象，即该点在屏幕上呈暗点。如果有许多点的主应力方向均与偏振轴 A 的方向一致，则将构成一条黑线（暗条纹），此线称为等倾线。在保持 P 轴与 A 轴垂直的情况下，使起偏镜和检偏镜同步旋转，此时可观察到等倾线也在移动，因为每转动一个新的角度，模型内另外一些主应力方向与偏振轴相重合的点便构成与之对应的新等倾线。当偏振镜从 0° 同步转动至 90° 时，模型内所有点的主应力方向均可显现出来，从而得到一系列不同方向的等倾线，因此模型内任意点的主应力方向都可以测取。一般的记录方法是每转动 10° 或 15° 描绘一条等倾线。

（2）若 $\sin \dfrac{\pi C t(\sigma_1 - \sigma_2)}{\lambda} = 0$，则 $I = 0$，即

$$\frac{\pi C t(\sigma_1 - \sigma_2)}{\lambda} = n\pi \quad (n = 0, 1, 2, \cdots) \tag{1-4-15}$$

或

$$\sigma_1 - \sigma_2 = \frac{n\lambda}{Ct} = n\frac{f_\sigma}{t} \tag{1-4-16}$$

式中，f_σ 称为材料的条纹值。式（1-4-16）表明模型上某点的主应力差为 f_σ/t 的 n 倍时（$n = 0, 1, 2, \cdots$）即消光，此点在屏幕上的像呈暗点。因为物体受力后其应力变化是连续的，故主应力差也一定是连续变化的，所以主应力差为 f_σ/t 的整数倍的各个暗点将构成连续的暗线，此暗线称为等差线。对应于 $n = 0$ 的线称为 0 级等差线，对应于 $n = 1$ 的线称为 1 级等差线，依此类推。

在正交平面偏振光场内，等倾线和等差线是并存的。为了消除两种条纹并存的现象，在图 1-4-6 所示的光场中，在 E 和 F 处各加一块 1/4 波片（使偏振光产生 $\dfrac{1}{4}\lambda$ 的光程差的光波片），使它们的快慢轴分别与偏振轴成 45°，并且这两块 1/4 波片的快慢轴相互垂直。这种布置称为正交圆偏振场（暗场）。在 E 和 F 之间的圆偏振场中放入模型后，通过检偏镜后的光强为

$$I_1 = Ka^2 \sin^2\left[\frac{\pi C t(\sigma_1 - \sigma_2)}{\lambda}\right] \tag{1-4-17}$$

从式（1-4-17）可以看出，光强只与主应力差有关，与主应力方向无关。在正交圆偏振场的布置中使起偏镜和检偏镜的偏振轴成平行，则得到平行圆偏振场（明场）。这时光强的表达式仍然与主应力方向无关，只是等差线是半级次的，即 1/2 级、3/2 级、5/2 级等。因此，在圆偏振场中，消除了等倾线，得到只有等差线的条纹图。

四、实验步骤

（1）认识光弹仪各个部件的名称，了解其作用与操作方法。
（2）布置出明场和暗场两种平光偏振场。
①将 1/4 波片（Q_1、Q_2）的快轴（F）和慢轴（S）与仪器的 X、Y 轴重合。

②将起偏片偏振轴调到铅垂方向。

③开启光源。

④单独旋转检偏振片,观察检偏振片后光线的亮度改变。当检偏振片转动到与起偏振片正交时,屏幕呈暗场。再旋转起偏振片,当起偏振片与检偏振片的偏振轴平行时,光线完全通过,屏幕上呈明场。观察偏振效应及偏振光强的变化情况,正确布置明场与暗场两种平面偏振光场。

(3)在平面偏振光场中观察等色线的形成和发展。

①调整加载杠杆,尽量使杠杆保持在水平位置。

②放入圆盘模型,使之对径受压。

③逐级加载,观察在明场、暗场两种平面偏振光下等色线和等倾线的形成和发展。

(4)在正交偏振光场下观察等倾线的变化情况和特点。

(5)在圆偏振光场下观察等色线条纹。

①布置双正交圆偏振光场,以消除等倾线。

②观察等色线的条纹图。

③逐级加载、卸载,观察等色线变化情况及特征。

④再适当荷载下确定等色线条纹级序。

(6)实验完毕,关闭光源和电源;卸载,取下模型;清理现场。

五、注意事项

(1)光弹性仪上的所有镜片都不准用手摸。

(2)模型应放置于光场的中心部分,注意模型与光路垂直。

(3)加载与卸载时,砝码小心轻放。

第 2 部分　结构力学实验

第 1 章　结构力学实验概述

　　科学实验是科学理论的源泉,是自然科学的根本,是工程技术的根本。结构力学实验是结构力学课程的重要组成部分。结构力学的结论和定律、结构的力学性能等都需要通过实验来验证或测定。如混凝土检测实验就是通过使用回弹仪、钢筋定位仪、超声波检测仪等仪器来检测混凝土柱子或墙体的检测实验。至于在工程施工过程中各种结构强度的检测都要依靠实验得到解决。因此,结构实验是工程技术人员必须掌握的技能之一。在学校通过结构实验使学生掌握测定结构力学性能的基本知识、基本技能和基本方法,对于培养学生在“四化”建设中的实际工作能力也具有非常重要的现实意义。

　　结构实验,按其性质可分为三类。

　　(1)测定结构力学性能的实验。

　　(2)验证理论的实验。

　　(3)实验应力分析。

第 2 章　实验设备

§2.1　等强度梁实验装置

XL3417 型等强度梁实验装置是方便同学们自己动手做材料力学电测实验的设备之一，一个实验台可做多个静态或动态电测实验，操作简单，实验直观，便于培养学生的动手能力。

一、构造及工作原理

(1) 基本外形结构如图 2-2-1 所示。它由实验台架、等强度梁 (已贴好应变片)、砝码及吊环砝码托盘组成。

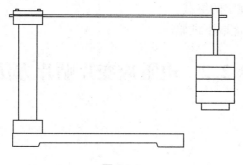

图 2-2-1

(2) 工作原理。XL3417 型等强度梁为悬臂梁式 (见图 2-2-1)。当悬臂梁上加一个荷重 G 后，距加载点 x 的断面上弯矩为

$$M_x = Gx \tag{2-2-1}$$

相应断面上的最大应力为

$$\sigma = \frac{Gx}{W} \tag{2-2-2}$$

式中，W 为抗弯断面模量，断面为矩形，b_x 为宽度，h 为厚度，则

$$W = \frac{b_x h^2}{6} \tag{2-2-3}$$

$$\sigma = \frac{Gx}{\dfrac{b_x h^2}{6}} = \frac{6Gx}{b_x h^2} \tag{2-2-4}$$

所谓等强度，即指各个断面在力的作用下应力相等，即 σ 值不变。显然，当梁的厚度 h 不变时，梁的宽度必须随着 x 的变化而变化，因而

$$\frac{b_x}{x} = \frac{6G}{\sigma h^2} \tag{2-2-5}$$

在 G、σ、h 不变时，$\dfrac{b_x}{x}$ 值是定值，说明 b_x 随 x 成线性变化。

二、操作步骤

(1)将等强度梁试件固定到等强度梁台架上,将试件上应变片连接导线根据实验要求合理组桥连到应变仪上。

(2)打开仪器电源,预热约 20 min,在不加载的情况下将应变量调至零。

(3)对试件进行分级加载,加载过程中,砝码应轻拿轻放,以免损坏等强度梁。

注意,所加荷载一定不要超载,以免超出梁的弹性范围,恢复不了原来状态。如已与计算机连接,则全部数据可由计算机进行简单的分析并打印。

三、注意事项

(1)每次实验最好先将试件摆放好,仪器接通电源,打开仪器预热约 20 min,讲完课再做实验。

(2)实验不得超过规定的终载。

(3)实验进行完后,应取下砝码。

§2.2　电阻应变片贴片方法

一、实验工具

(1)应变片。

(2)砂纸。

(3)脱脂棉。

(4)丙酮。

(5)镊子。

(6)黏结剂。

二、实验步骤

(一)选片

(1)首先根据实验的材料性质及对实验结构应力分布梯度的估计,选择电阻应变片的标距,根据工作条件选用应变片的类型,包括形状、片基材料等。

(2)检查应变片(见图 2-2-2)的外观及电阻值。外观有损伤或电阻值相差较大的均不得选用。

(二)黏结剂的选择

(1)抗剪强度高,能正确传递应力。

(2)绝缘良好。

(3)变形能力大。

图 2-2-2

（4）蠕变小。

（5）粘贴固化工艺简单方便。

（三）贴片

1．处理试件表面

（1）对于钢材，要求清除表面油漆、锈斑、氧化层及油污等，黏结面平整光洁，并具有一定的粗糙度。

（2）对于混凝土，应除去表面浮浆层，打磨混凝土表面，贴片位置应避开孔洞、石子。

（3）然后用丙酮等清洗剂清洗干净，清洗后不得用手触摸（注意使用丙酮时，要严防烟火）。

2．确定应变片的准确位置

在试件表面上画出测点中心线，用十字线画出。注意要画在处理过的表面范围以外。

3．涂胶贴片

在试件表面及应变片背面均匀涂上一层胶，按画好的十字线贴好应变片，用手轻压，将多余的胶和空气挤出，并按压一定时间，以使胶固化。

（四）检查贴片质量

检查内容包括：①电阻值；②绝缘电阻；③贴片位置。

（五）焊接导线

焊接导线见图 2-2-3。

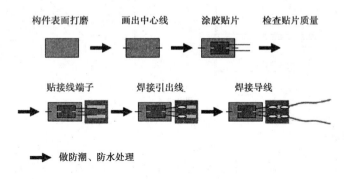

图 2-2-3　应变片的粘贴工艺

（六）做防潮、防水处理

防潮、防水处理是应变片粘贴的最后一道工艺。

§2.3　半桥及全桥量测的接桥方法

一、半桥单补

一个工作片 R_1 接入 AB 桥臂，BC 桥臂接入温度补偿片 R，其他桥臂由仪器内部连接，温度补偿由温度补偿片单独补偿。应变仪读数为构件实际应变。

半桥单补的桥路如图 2-2-4 所示。

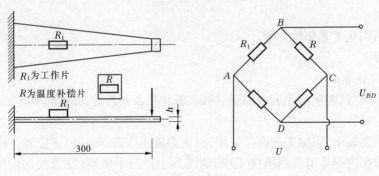

图 2-2-4

二、半桥互补

两个工作片 R_1、R_2 接入 AB、BC 桥臂，R_1、R_2 必须是一正一负，其他桥臂由仪器内部连接，两个工作片间相互补偿温度的影响。应变仪读数为构件实际应变的 2 倍。半桥互补桥路连接如图 2-2-5 所示。

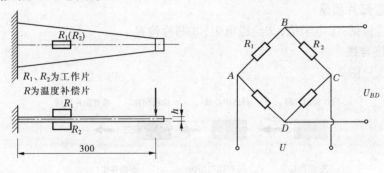

图 2-2-5

三、全桥互补

四个工作片 R_1、R_2、R_3、R_4 全部接入桥路，各个工作片间相互补偿温度的影响。相邻桥臂的应变片一正一负，相对桥臂正负相同，应变仪读数为构件实际应变的 4 倍。其桥路连接如图 2-2-6 所示。

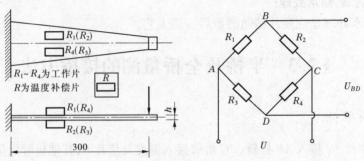

图 2-2-6

§2.4　数字静态应变仪的使用方法

一、实验仪器

(1)CM－1B 型静态电阻应变仪(见图 2-2-7)。
(2)贴好应变片的等强度梁。
(3)温度补偿片。

图 2-2-7　CM－1B 型静态电阻应变仪

二、实验步骤

(1)确定测量方法。

①单臂测量(即半桥单补:一个温度补偿片同时补偿多个工作片)。将后面板的"变换器"插头插好;Ao 与 Bo 之间连接温度补偿应变片,Co 与 Do 短接,20 个通道的 A、B 接线柱接测量应变片(见图 2-2-8)。

图 2-2-8

②将半桥互补联接:将后面板的"变换器"插头拔下,Ao 与 Bo 之间接一个 120 Ω 的电阻(见图 2-2-9),Co 与 Do 短接,20 个通道的 A、B 接线柱与 B、C 接线柱接测量应变片。

图 2-2-9

③全桥测量的联接:将后面板的"变换器"插头拔下,Ao、Bo、Co、Do 任意两点之间全部断开(见图 2-2-10)。20 个通道的 A、B、C、D 接线柱之间分别接入一个测量应变片。

图 2-2-10

(2)打开电源,预热半小时,把功能选择开关置于校准位置,根据 K 值确定表头读数,表头具体读数按 $10\ 000/K$ 计算。本实验中应变片的灵敏系数 $K = 2.00$,对应的标定数为 $5\ 000$(见图 2-2-11)。

图 2-2-11

(3)把功能选择置于测量位置(见图 2-2-12),调节平衡电位器,使各个点的表头读数为零。

图 2-2-12

(4)加入固定载荷,通过测量点转换开关的转动来读取并记录数字面板表的读数(微

应变值 $\mu\varepsilon$),测量点指示由红色灯泡对应的测量点示数和旋钮箭头指示共同表示(见图 2-2-13)。

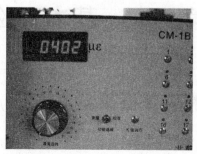

图 2-2-13

第3章　基本实验

§3.1　材料弹性模量 E、泊松比 μ 测定实验

一、实验目的

(1)测定常用金属材料的弹性模量 E 和泊松比 μ。

(2)验证虎克(Hooke)定律。

二、实验仪器设备和工具

(1)等强度梁实验装置。

(2)XL2101B2 静态电阻应变仪。

(3)游标卡尺、钢板尺。

三、实验原理和方法

实验试件如图 2-3-1 所示。实验时使用等强度梁上表面应变片。

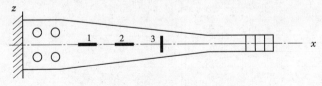

图 2-3-1　等强度梁上贴片图

(一)弹性模量 E 测定实验

用等强度梁纵轴线上一个应变片(图 2-3-1 中 1 或 2),测得应变值 ε_x,而后利用计算得到的应力值可算得等强度梁材料的弹性模量 E。

由

$$\sigma = \frac{Px}{W} \qquad 及 \qquad W = \frac{b_x h^2}{6}$$

可得到

$$\sigma = \frac{Px}{\dfrac{b_x h^2}{6}} = \frac{6Px}{b_x h^2} \tag{2-3-1}$$

$$E = \frac{\sigma}{\varepsilon_x} \tag{2-3-2}$$

(二)泊松比 μ 测定实验

分别用等强度梁纵轴线 x(见图 2-3-1 中 1 或 2)和横轴线 z(见图 2-3-1 中 3)贴应变

片,测得纵轴线应变值 ε_x 和横轴线应变值 ε_z,则泊松比

$$\mu = \left| \frac{\varepsilon_z}{\varepsilon_x} \right| \qquad (2\text{-}3\text{-}3)$$

四、实验步骤

(1)设计好本实验所需的各类数据表格。

(2)测量等强度梁的有关尺寸,确定试件有关参数,见表 2-3-1。

表 2-3-1　试件相关参考数据(四)

梁的尺寸和有关参数		
距荷载点 x 处梁的宽度	$b_x =$	mm
梁的厚度	$h =$	mm
荷载作用点到测试点的距离	$x =$	mm
弹性模量	$E =$	GPa
泊松比	$\mu =$	

(3)拟订加载方案。估算最大荷载 $P_{\max}$(该实验荷载范围≤20 N),分 4 级砝码加载(每级砝码 5 N)。

(4)实验采用多点测量中半桥单臂公共补偿接线法。将等强度梁上选取的测点应变片按序号接到电阻应变仪测试通道上,温度补偿片接到电阻应变仪公共补偿端。

(5)按实验要求接好线,调整好仪器,检查整个测试系统是否处于正常工作状态。

(6)实验加载。加砝码前,电阻应变仪进行平衡,然后逐级加载,每增加一级荷载,依次记录各点应变仪的读数,直至终荷载。实验至少重复 3 次,见表 2-3-2。

表 2-3-2　实验数据(五)

荷载 (N)			5	10	15	20		
	P		5	10	15	20		
	ΔP		2		2		2	
应变仪读数 $\mu\varepsilon$	R_1	ε_1						
		$\Delta\varepsilon_1$						
		平均值						
	R_3	ε_3						
		$\Delta\varepsilon_3$						
		平均值						

(7)做完实验后,卸掉砝码,关闭仪器电源,整理好所用仪器设备,清理实验现场,将所用仪器设备复原,实验资料交指导教师检查签字。

五、实验结果处理

(一)实验值计算

材料弹性模量 E
$$\sigma = \frac{6Px}{b_x h^2}$$

$$E = \frac{\sigma}{\varepsilon_x}$$

材料泊松比 μ
$$\mu = \left| \frac{\varepsilon_z}{\varepsilon_x} \right|$$

（二）理论值与实验值比较

$$\delta_E = \frac{E_{理} - E_{实}}{E_{理}} \times 100\%$$

$$\delta_\mu = \frac{\mu_{理} - \mu_{实}}{\mu_{理}} \times 100\%$$

六、实验报告

实验报告格式见表 2-3-3。

表 2-3-3　材料弹性模量 E、泊松比 μ 测定实验报告

实验组别____　学院_____　专业_____班_____组　　　　　实验者姓名_____

实验日期_____ 年____月___日　　　　　　　　　　实验室温度_____℃

一、实验目的
二、实验仪器设备和工具
三、实验数据记录

七、结果分析及问题讨论

（1）与理论计算值进行对比，分析误差原因。

（2）比较分析半桥单补、半桥互补、全桥互补的优缺点。

§3.2　电阻应变片横向效应系数测定实验

一、实验目的

(1)学会一种测定应变片横向效应系数的方法。
(2)练习使用静态电阻应变仪。

二、实验仪器和设备

(1)贴有应变片的等强度梁、补偿块及加载砝码。
(2)静态电阻应变仪。

三、实验原理

在等强度梁表面上轴向和横向贴有两个应变片 R_1 和 R_2(见图 2-3-2),当等强度梁受力而弯曲时应变片 1 受拉应变 ε_1,应变片 2 因泊松效应受压应变 $\varepsilon_2 = -\mu\varepsilon_1$,用电阻应

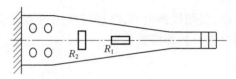

图 2-3-2　等强度梁上贴片图

变仪分别测量其相对电阻变化 $\left(\dfrac{\Delta R}{R}\right)_1$ 和 $\left(\dfrac{\Delta R}{R}\right)_2$,有下列公式:

$$\left.\begin{aligned}\left(\frac{\Delta R}{R}\right)_1 &= K_{仪}\,\varepsilon_{1仪} = K_L\varepsilon_1 + K_B(-\mu\varepsilon_1) = K_L\varepsilon_1 + K_B\varepsilon_2 \\[6pt] \left(\frac{\Delta R}{R}\right)_2 &= K_{仪}\,\varepsilon_{2仪} = K_B\varepsilon_1 + K_L(-\mu\varepsilon_1) = K_L\varepsilon_2 + K_B\varepsilon_1\end{aligned}\right\} \tag{2-3-4}$$

式中,$K_{仪}$ 为电阻应变仪灵敏系数设定值(一般令 $K_{仪} = 2.00$),假设测量两个应变片的 $\left(\dfrac{\Delta R}{R}\right)$ 时 $K_{仪}$ 放在相同位置;K_L 为应变片纵向灵敏系数;K_B 为应变片横向灵敏系数;μ 为梁材料的泊松比,已知 $\mu = 0.26$。

应变片的横向效应系数 $H = \dfrac{K_B}{K_L}$,上两式相除,得下式:

$$\frac{\varepsilon_{1仪}}{\varepsilon_{2仪}} = \frac{K_L\varepsilon_1(1 - \mu H)}{K_L\varepsilon_1(-\mu + H)} = \frac{1 - \mu H}{H - \mu} \tag{2-3-5}$$

由此可解得:

$$\left.\begin{aligned}(H - \mu)\,\varepsilon_{1仪} &= (1 - \mu H)\,\varepsilon_{2仪} \\[4pt] H(\varepsilon_{1仪} + \mu\,\varepsilon_{2仪}) &= \varepsilon_{2仪} + \mu\,\varepsilon_{1仪} \\[4pt] H &= \frac{\varepsilon_{2仪} + \mu\varepsilon_{1仪}}{\varepsilon_{1仪} + \mu\varepsilon_{2仪}} \times 100\%\end{aligned}\right\} \tag{2-3-6}$$

其中,如 $\varepsilon_{1仪}$ 为正,则 $\varepsilon_{2仪}$ 为负。

四、实验步骤

(1)设计好本实验所需的各类数据表格。

(2)拟订加载方案。估算最大荷载 P_{max}(该实验荷载范围为≤20 N),加载 15 N。

(3)实验采用多点测量中半桥单臂公共补偿接线法。将等强度梁上选取的测点应变片按序号接到电阻应变仪测试通道上,温度补偿片接到电阻应变仪公共补偿端。

(4)按实验要求接好线,调整好仪器,检查整个测试系统是否处于正常工作状态。

(5)实验加载。加砝码前,电阻应变仪进行平衡,然后加载,依次记录各点应变仪的读数,见表 2-3-4。

表 2-3-4

片号	载荷(N)	平均 $\varepsilon_{仪}$	计算 $H(\%)$
纵向 1($\varepsilon_{仪1}$)			
横向 2($\varepsilon_{仪2}$)			

做完实验后,卸掉砝码,关闭仪器电源,整理好所用仪器设备,清理实验现场,将所用仪器设备复原,实验资料交指导教师检查签字。

五、实验结果处理

将实验数据代入公式 $H = \dfrac{\varepsilon_{2仪} + \mu\varepsilon_{1仪}}{\varepsilon_{1仪} + \mu\varepsilon_{2仪}} \times 100\%$ 计算电阻应变片横向效应系数。

§3.3　电阻应变片在电桥中的接法实验

一、实验目的

(1)掌握在静荷载下使用静态电阻应变仪的单点应变测量方法。

(2)学会电阻应变片半桥、全桥接法。

二、实验仪器和设备

(1)等强度梁装置,加载砝码。

(2)静态电阻应变仪。

三、实验原理与方法

等强度梁上应变片分布如图 2-3-3 所示。

电阻应变片电桥输出 U 与各桥臂应变片的指示应变 ε_i 有下列关系:

$$U = \frac{EK}{4}(\varepsilon_1 - \varepsilon_2 + \varepsilon_3 - \varepsilon_4) \tag{2-3-7}$$

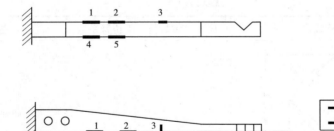

图 2-3-3 等强度梁上贴片图

式中，ε_1、ε_2、ε_3、ε_4 分别为各桥臂应变片的指示应变；K 为应变片灵敏系数；E 为桥压，具体桥接方式如表 2-3-5 所示。

（1）对于半桥接法：如应变片 R_1（正面、受拉应变 ε_1）与温度补偿片接成半桥，另外半桥为应变仪内部固定桥臂电阻，则输出只有应变 ε_1；如梁上表面应变片 R_1（正面、受拉应变 ε_1）与梁下表面应变片 R_4（反面、受压应变 ε_4），接成半桥，则输出为 $\varepsilon_1 - \varepsilon_4 = 2\varepsilon_1$（因为 $\varepsilon_4 = -\varepsilon_1$）。

（2）对于全桥接法：如应变片 R_1 和 R_2（正面、受拉）与 R_4 和 R_5（反面、受压）接成全桥，则输出为 $\varepsilon_1 - \varepsilon_4 + \varepsilon_2 - \varepsilon_5 = 4\varepsilon_1$（$\varepsilon_4 = \varepsilon_5 = -\varepsilon_1 = -\varepsilon_2$）。

具体实验时组桥方式参照表 2-3-5。

表 2-3-5

序	接桥方式	应变仪读数值	桥臂系数	备注
1		ε_x	1	1/4 桥连接
2		$2\varepsilon_x$	2	半桥连接

续表 2-3-5

序	接桥方式	应变仪读数值	桥臂系数	备注
3		$4\varepsilon_x$	4	全桥连接

四、实验步骤

(1)设计好本实验所需的各类数据表格。

(2)拟订加载方案,估算最大荷载 P_{max}(该实验荷载范围为≤10 N)。

(3)按实验要求进行组桥,接好线,调整好仪器,检查整个测试系统是否处于正常工作状态。

(4)实验加载,加砝码前,电阻应变仪进行平衡,然后加载,依次记录各点读数见表 2-3-6。

表 2-3-6　实验数据(六)

组桥方式	1/4 桥	半桥		全桥
1				
2				
3				
平均值				

(5)做完实验后,卸掉砝码,关闭仪器电源,整理好所用仪器设备,清理实验现场,将所用仪器设备复原,实验资料交指导教师检查签字。

五、实验结果处理

将实验数据进行处理,并验证是否符合表 2-3-5 中所提供的桥臂系数。

§3.4　电阻应变片温度特性实验

一、实验目的

(1)了解环境温度变化对电阻应变片的影响,及温度补偿的作用。

(2)熟悉电阻应变仪的使用。

二、实验设备及仪器

(1)等强度梁实验装置。
(2)电阻应变仪。
(3)电吹风。

三、实验原理

将等强度梁上贴好的应变片和补偿块上贴好的相同规格的应变片,接在同一桥路的相邻桥臂上,当梁上的应变片用电吹风加温时,应变仪上就出现由温度变化而产生的读数值,而后将补偿块也同样置于相同温度环境中,应变仪上的读数值将消失,该实验说明了应变片的温度特性和消除温度影响的方法。

注意:当用电吹风吹应变片时,时间不能太长,温度不能过高,以免损坏应变片,能够观察到应变仪读数变化即可。

四、实验步骤

(1)根据实验要求确定实验接桥方式,正确合理组桥,将应变片连接到应变仪上。
(2)调整好仪器,检查整个测试系统工作是否正常。
(3)检查系统工作正常后,将电阻应变仪进行平衡。
(4)用电吹风对连接到应变仪上的电阻应变片进行加热,观察电阻应变仪有无变化。
(5)再将温度补偿片置于与等强度梁上的应变片同一温度环境下,观察电阻应变仪读数变化。此时电阻应变仪读数应该恢复到初始状态。

五、实验结果分析

根据实验所观察到的实验现象,进一步掌握环境温度变化对电阻应变片的影响。

六、思考题

(1)在应变悬臂梁上,温度补偿片为何横向粘贴?
(2)在电吹风吹应变片的时候怎样控制好温度?
(3)对实验现象进行分析讨论,温度是怎样影响电阻应变片的?

§3.5　电阻应变片灵敏系数标定实验

一、实验目的

(1)进一步了解电阻应变片相对电阻变化与所受应变之间的关系。
(2)掌握电阻应变片灵敏系数的测定方法。

二、实验仪器、设备

(1)等强度梁实验装置。

(2)三点挠度计及千分表。

(3)静态电阻应变仪。

(4)卡尺。

三、实验原理

电阻应变片粘贴在试件上受应变 ε 时,其电阻产生的相对变化 $\dfrac{\Delta R}{R}$ 与 ε 间有下列关系:

$$\frac{\Delta R}{R} = K\varepsilon \tag{2-3-8}$$

由此可分别测量 $\dfrac{\Delta R}{R}$ 及 ε 的值求得应变片的灵敏系数。

本实验如图 2-3-4 所示,采用等强度梁装置、挠度计和电阻应变仪测定电阻应变片的灵敏系数。

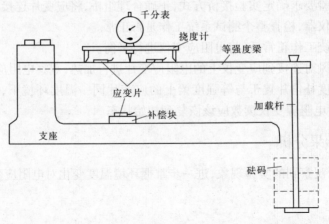

图 2-3-4

等强度梁上下表面的轴向应变 ε(即所粘贴应变片承受的应变)可用挠度计上千分表在测量时所得读数而由下式计算求得

$$\varepsilon = \frac{4hf}{a^2} \tag{2-3-9}$$

式中,f 为千分表读数;h 为等强度梁厚度;a 为挠度计跨度,此公式由材料力学推得。

电阻应变片的相对电阻变化 $\dfrac{\Delta R}{R}$ 由电阻应变仪测出指标应变 $\varepsilon_{仪}$ 和应变仪所设定的灵敏度系数值 $K_{仪}$,用下式计算可得

$$\frac{\Delta R}{R} = K_{仪}\varepsilon_{仪} \tag{2-3-10}$$

综合起来,下式可求出应变片的灵敏系数

$$k = \frac{\Delta R/R}{\varepsilon} = \frac{K_{仪}\varepsilon_{仪}}{4hf/a^2} \tag{2-3-11}$$

四、实验步骤

(1)设计好本实验所需的各类数据表格。

(2)测量等强度梁的有关尺寸,确定试件有关参数,见表 2-3-7。

表 2-3-7 试件相关参考数据(五)

梁的尺寸和有关参数	
三点挠度仪的跨度	$a = 200$ mm
梁的厚度	$h = 5$ mm
电阻应变仪灵敏系数	$K_{仪} = 2.00$
弹性模量	$E = 206$ GPa
泊松比	$\mu = 0.26$

(3)拟订加载方案。估算最大荷载 P_{max}(该实验荷载范围≤20 N),分 4 级砝码加载(每级砝码 5 N)。

(4)实验采用多点测量中半桥单臂公共补偿接线法。将等强度梁上选取的测点应变片按序号接到电阻应变仪测试通道上,温度补偿片接电阻应变仪公共补偿端。

(5)按实验要求接好线,调整好仪器,检查整个测试系统是否处于正常工作状态。

(6)实验加载。加砝码前,电阻应变仪进行平衡,然后逐级加载,每增加一级荷载,依次记录各点应变仪的读数,直至终荷载。实验至少重复 3 次,见表 2-3-8。

(7)做完实验后,卸掉砝码,关闭仪器电源,整理好所用仪器设备,清理实验现场,将所用仪器设备复原,实验资料交指导教师检查签字。

表 2-3-8 实验数据(七)

载荷 (N)	P		5	10	15	20
	ΔP		5		5	5
应变仪读数 $\mu\varepsilon$	R_1	ε_1				
		$\Delta\varepsilon_1$				
		平均值				
	R_2	ε_2				
		$\Delta\varepsilon_2$				
		平均值				
挠度值	f					
	Δf					
	平均值					

五、实验结果处理

(1)取应变仪读数 $\Delta\varepsilon$ 的平均值,计算每个应变片的灵敏系数 K_i。

$$K_i = \frac{\dfrac{\Delta R}{R}}{\varepsilon} = \frac{K_仪\ \varepsilon_仪}{4hf/a^2} \qquad (i = 1,2)$$

(2)计算应变片的平均灵敏系数 K。

$$K = \frac{\sum K_i}{n} \quad (i = 1,2)$$

(3)计算应变片灵敏系数的标准差 S。

$$S = \sqrt{\frac{1}{n-1}\sum (K_i - K)^2} \quad (i = 1,2)$$

六、思考题

(1)推导由三点挠度仪计算应变的公式。

(2)本实验是否需要知道荷载的大小?

(3)对测量结果进行分析讨论,误差的主要原因是什么?

§3.6　等强度梁静态(应变值与位移值)测定实验

一、实验目的

(1)验证等强度梁静态应变特性和梁的弯曲变形特性。

(2)掌握静态电阻应变仪的使用。

二、实验设备和仪器

(1)等强度梁实验装置。

(2)千分表及磁力表座。

(3)静态电阻应变仪。

(4)卡尺。

三、实验原理

(一)静态应变值测定实验

在等强度梁上贴上应变片,然后分级加载,分别读得加载的荷载值和相应的应变值,而后分级卸载,同样得到卸载时的荷载值和应变值,重复几次后;以横坐标代表荷载值,纵坐标代表相应的应变值,则可获得加载特性曲线和卸载特性曲线,如图 2-3-5 所示。

由这些特性可获得如下基本概念。

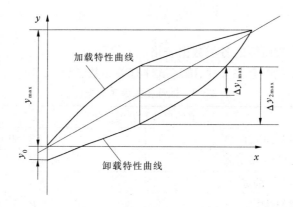

图 2-3-5

1. 线性和非线性

若加载值和读数值成比例,称为线性。若加载值和读数值不成比例,则称为非线性。其非线性度为:

$$\delta_1 = \frac{\Delta y_{1\max}}{y_{\max}} \times 100\% \qquad (2\text{-}3\text{-}12)$$

式中,$\Delta y_{1\max}$ 为加载特性曲线和理想的拟合直线之间输出量(应变量)最大差值;$\Delta y_{\max}$ 为输出的满量程。

2. 滞后特性

当卸载特性曲线和加载特性曲线不重和时,称为机械滞后,其滞后误差为

$$\delta_2 = \frac{\Delta y_{2\max}}{y_{\max}} \times 100\% \qquad (2\text{-}3\text{-}13)$$

式中,$\Delta y_{2\max}$ 为加载曲线和理想的拟合直线之间输出量(应变量)最大差值。

拟合静态标定曲线,根据线性要求,建立线性方程

$$y = a + bx \qquad (2\text{-}3\text{-}14)$$

根据回归分析法求出标定系数 a 和 b

$$
a = \frac{\sum x_i^2 \sum y_i - \sum x_i \sum x_i y_i}{n \sum x_i^2 - \left(\sum x_i\right)^2}
$$
$$
\qquad (2\text{-}3\text{-}15)
$$
$$
b = \frac{n \sum x_i y_i - \sum x_i \sum y_i}{n \sum x_i^2 - \left(\sum x_i\right)^2}
$$

式中,x_i 为加载读数值;y_i 为相应的应变读数值。

(二)位移值(挠度值)的测定实验

在等强度梁有效工作范围内任意位置上放置一千分表(配磁力表座),通过砝码加载使等强度梁产生变形,通过千分表读取测试点弯曲变形量(位移值或挠度值)。理论值可通过下面公式计算

$$f(x) = \frac{Px^2}{6EI}(3l - x) \qquad (2\text{-}3\text{-}16)$$

四、实验步骤

(1)设计好本实验所需的各类数据表格。

(2)测量等强度梁的有关尺寸,确定试件有关参数,见表2-3-9。

表2-3-9　试件相关参考数据(六)

梁的尺寸和有关参数	
载荷点到固定端距离	$l = 380$ mm
测试点到固定端距离	$x = \quad$ mm
测试点处梁的宽度	$b = \quad$ mm
梁的厚度	$h = 5$ mm
弹性模量	$E = 206$ GPa
泊松比	$\mu = 0.26$

(3)拟订加载方案。估算最大荷载 P_{max}(该实验荷载范围为≤20 N),分4级砝码加载(每级砝码5 N)。

(4)实验采用多点测量中半桥单臂公共补偿接线法。将等强度梁上选取的测点应变片按序号接到电阻应变仪测试通道上,温度补偿片接电阻应变仪公共补偿端。

(5)按实验要求接好线,调整好仪器,检查整个测试系统是否处于正常工作状态。

(6)实验加载。加砝码前,电阻应变仪进行平衡,然后逐级加载,每增加一级荷载,依次记录各点应变仪的读数,直至终荷载。实验至少重复3次,见表2-3-10和表2-3-11。

表2-3-10　实验数据(八)

进程载荷(N)	P	5	10	15	20
应变仪读数 $\mu\varepsilon$	ε_1				
回程载荷(N)	P	20	15	10	5
应变仪读数 $\mu\varepsilon$	ε_1				

表2-3-11　实验数据(九)

载荷值 P(N)	20	20	20
测试点位移值 f(mm)			
位移平均值 f(mm)			

(7)做完实验后,卸掉砝码,关闭仪器电源,整理好所用仪器设备,清理实验现场,将所用仪器设备复原,实验资料交指导教师检查签字。

五、实验数据处理

(1)静态应变线性和滞后特性误差分析。

线性误差

$$\delta_1 = \frac{\Delta y_{1max}}{y_{max}} \times 100\%$$

滞后性误差

$$\delta_2 = \frac{\Delta y_{2max}}{y_{max}} \times 100\%$$

(2)位移值(挠度值)误差分析。

理论值计算

$$f(x) = \frac{P x^2}{6EI}(3l - x)$$

误差

$$\delta_3 = \frac{f_{理} - f_{实}}{f_{理}} \times 100\%$$

六、思考题

(1)测量单一内力分量引起的应变,可以采用哪几种桥路接线法?
(2)分析各种桥路接线方式中温度补偿实现的方式。
(3)对测量结果进行分析讨论,产生误差的主要原因是什么?

§3.7　位移互等(功互等)定理验证实验

一、实验目的

(1)验证位移互等(功互等)定理。
(2)熟悉静态电阻应变仪的使用。

二、实验设备及仪器

(1)等强度梁实验装置。
(2)千分表及磁力表座。

三、实验原理

位移互等定理可由功互等定理推广得到。对于线弹性体,第一组力在第二组力作用点引起的位移上所做的功,等于第二组力在第一组力作用点引起的位移上所做的功,此即为功的互等定理。如果第一组力与第二组力相等,则第一组力作用点沿第一组力方向由于第二组力而引起的位移,等于第二组力作用点沿第二组力方向由于第一组力引起的位移,如图 2-3-6 所示。

(1)先加载 F_1(见图 2-3-6(a)),则 F_1 在第二作用点所做的功为 $F_1\Delta_{12}$。
(2)先加载 F_2(见图 2-3-6(b)),则 F_2 在第一作用点所做的功为 $F_2\Delta_{21}$。
(3)由于弹性体内存储的应变能与加载次序无关,只决定于荷载的最终值。所以上

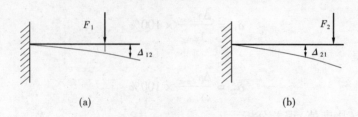

图 2-3-6

述两种加载次序求得的梁内应变能应相等，即：$V_{\varepsilon 1} = V_{\varepsilon 2}$，从而得到

$$F_1 \Delta_{12} = F_2 \Delta_{21} \qquad\qquad (2\text{-}3\text{-}17)$$

此即为功互等定理的表达式。如果，上式中 $F_1 = F_2$，则有：

$$\Delta_{12} = \Delta_{21} \qquad\qquad (2\text{-}3\text{-}18)$$

这表明 F_1 作用点沿 F_1 方向由于 F_2 而引起的位移 Δ_{12}；等于 F_2 作用点沿 F_2 方向由于 F_1 引起的位移 Δ_{21}。这就是位移互等定理。

四、实验步骤

（1）设计好本实验所需的各类数据表格。

（2）拟订加载方案。估算最大荷载 $P_{\max}$（该实验荷载范围为 ≤20 N），第一荷载值 10 N，第二荷载值 10 N。

（3）千分表用磁力表座在第二加载点将位置调整好，调整千分表零点，加上第一个荷载 F_1，记录第二荷载点位移量 Δ_{12}。

（4）卸下砝码，千分表用磁力表座在第一加载点将位置调整好，调整好千分表零点，再加上第二个荷载 F_2，记录第一荷载点位移量 Δ_{21}。将实验数据填入表 2-3-12。

表 2-3-12　实验数据（十）

载荷点	F_1	F_2
载荷值	10	10
位移值		

（5）做完实验后，卸掉砝码，整理好所用仪器设备，清理实验现场，将所用仪器设备复原，实验资料交指导教师检查签字。

五、实验结果处理

比较两个位移量是否相等，如不相等分析产生误差的原因。

六、思考题

（1）怎样准确地测出位移，怎样提高数据的准确性？

（2）怎样保证应变片的位置准确地放置在中性轴上？

（3）对测量结果进行分析讨论，产生误差的主要原因是什么？

§3.8　弯扭组合变形下主应力测定

一、实验目的

（1）用电测法测定平面应力状态下主应力的大小及方向，并与理论值进行比较。
（2）测定空心圆管在弯扭组合变形作用下的弯曲正应力和扭转剪应力。
（3）进一步掌握电测法。

二、实验仪器设备和工具

（1）弯扭组合实验装置。
（2）XL2118 系列静态电阻应变仪。
（3）游标卡尺、钢板尺。

三、实验原理和方法

（一）测定主应力大小和方向

空心圆管受弯扭组合作用，使圆筒发生组合变形，圆筒的 m 点处于平面应力状态（见图 2-3-7）。在 m 点单元体上作用有由弯矩引起的正应力 σ_x，由扭矩引起的剪应力 τ_n，主

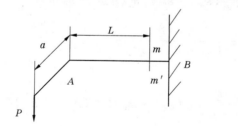
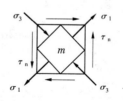

图 2-3-7　圆筒 m 点应力状态

应力是一对拉应力 σ_1 和一对压应力 σ_3，单元体上的正应力 σ_x 和剪应力 τ_n 可按下式计算

$$\sigma_x = \frac{M}{W_z}$$

$$\tau_n = \frac{M_n}{W_T} \tag{2-3-19}$$

式中，M 为弯矩，$M = PL$；M_n 为扭矩，$M_n = Pa$；W_z 为抗弯截面模量，对空心圆筒：

$$W_z = \frac{\pi D^3}{32}\left[1 - \left(\frac{d}{D}\right)^4\right]$$

W_T 为抗扭截面模量，对空心圆筒：

$$W_T = \frac{\pi D^3}{16}\left[1 - \left(\frac{d}{D}\right)^4\right]$$

由二向应力状态分析可得到主应力及其方向

$$\genfrac{}{}{0pt}{}{\sigma_1}{\sigma_3} = \frac{\sigma_x}{2} \pm \sqrt{\left(\frac{\sigma_x}{2}\right)^2 + \tau_n^2}$$

$$\tan 2\alpha_0 = \frac{-2\tau_n}{\sigma_x} \tag{2-3-20}$$

本实验装置采用的是45°直角应变花,在 m、m' 点各贴一组应变花(见图2-3-8),应

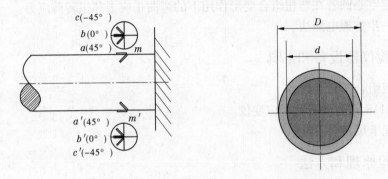

图2-3-8　测点应变花布置及空心圆管截面图

变上3个应变片的 α 角分别为 $-45°$、$0°$、$45°$,该点主应变和主方向为

$$\genfrac{}{}{0pt}{}{\varepsilon_1}{\varepsilon_3} = \frac{\varepsilon_{45°} + \varepsilon_{-45°}}{2} \pm \frac{\sqrt{2}}{2} \sqrt{(\varepsilon_{45°} - \varepsilon_{0°})^2 + (\varepsilon_{-45°} - \varepsilon_{0°})^2}$$

$$\tan 2\alpha_0 = \frac{\varepsilon_{45°} - \varepsilon_{-45°}}{2\varepsilon_{0°} - \varepsilon_{45°} - \varepsilon_{-45°}} \tag{2-3-21}$$

主应力和主方向

$$\genfrac{}{}{0pt}{}{\sigma_1}{\sigma_3} = \frac{E(\varepsilon_{45°} + \varepsilon_{-45°})}{2(1 - \mu)} \pm \frac{\sqrt{2}E}{2(1 + \mu)} \sqrt{(\varepsilon_{45°} - \varepsilon_{0°})^2 + (\varepsilon_{-45°} - \varepsilon_{0°})^2}$$

$$\tan 2\alpha_0 = \frac{\varepsilon_{45°} - \varepsilon_{-45°}}{2\varepsilon_{0°} - \varepsilon_{45°} - \varepsilon_{-45°}} \tag{2-3-22}$$

(二)弯曲正应力测定

空心圆管虽为弯扭组合变形,但 m 和 m' 两点沿 x 方向只有因弯曲引起的拉伸和压缩应变,且两应变等值异号,因此将 m 和 m' 两点应变片 b 和 b',采用半桥组桥方式测量,即可得到 m、m' 两点由弯矩引起的轴向应变 ε_M,则截面 m—m' 的弯曲正应力实验值为

$$\sigma_x = E\varepsilon_M \tag{2-3-23}$$

(三)扭转剪应力

当空心圆管受纯扭转时,m 和 m' 两点45°方向和 $-45°$方向的应变片都是沿主应力方向,且主应力 σ_1 和 σ_3 数值相等符号相反。因此,采用全桥组桥方式测量,可得到 m 和 m' 两点由扭矩引起的主应变 ε_n。因扭转时主应力 σ_1 和剪应力 τ 相等。则可得到截面 m—m' 的扭转剪应力实验值为

$$\tau_n = \frac{E\varepsilon_n}{1 + \mu} \tag{2-3-24}$$

四、实验步骤

（1）设计好本实验所需的各类数据表格。

（2）测量试件尺寸、加力臂长度和测点距力臂的距离，确定试件有关参数。见表2-3-13。

表2-3-13　**试件相关参考数据（七）**

圆筒的尺寸和有关参数	
计算长度　$L=$　240 mm	弹性模量 $E=206$ GPa
外　　径　$D=$　40 mm	泊松比 $\mu=0.26$
内　　径　$d=$　32 mm（钢）/34 mm（铝）	
扇臂长度 $a=$　248 mm	

（3）将空心圆管上的应变片按不同测试要求接到仪器上，组成不同的测量电桥。调整好仪器，检查整个测试系统是否处于正常工作状态。

①主应力大小、方向测定：将 m 和 m' 两点的所有应变片按半桥单臂、公共温度补偿法组成测量线路进行测量。

②弯曲正应力测定：将 m 和 m' 两点的 b 和 b' 两只应变片按半桥双臂组成测量线路进行测量（ $\varepsilon_{M}=\dfrac{\varepsilon_{d}}{2}$ ）。

③扭转剪应力测定：将 m 和 m' 两点的 a、c 和 a'、c' 四只应变片按全桥方式组成测量线路进行测量（ $\varepsilon_{n}=\dfrac{\varepsilon_{d}}{4}$ ）。

（4）拟订加载方案。可先选取适当的初荷载 P_0（一般取 $P_0=10\%\ P_{max}$ 左右），估算 P_{max}（该实验荷载范围为 $P_{max}\leqslant700$ N），分 4~6 级加载。

（5）根据加载方案，调整好实验加载装置。

（6）加载。均匀缓慢地加载至初荷载 P_0，记下各点应变的初始读数；然后分级等增量加载，每增加一级荷载，依次记录各点电阻应变片的应变值，直到最终荷载。实验至少重复两次。见表2-3-14 和表2-3-15。

（7）做完实验后，卸掉荷载，关闭电源，整理好所用仪器设备，清理实验现场，将所用仪器设备复原，实验资料交指导教师检查签字。

（8）实验装置中，圆筒的管壁很薄，为避免损坏装置，注意切勿超载，不能用力扳动圆筒的自由端和力臂。

五、注意事项

（1）测试仪未开机前，一定不要进行加载，以免在实验中损坏试件。

（2）实验前一定要设计好实验方案，准确测量实验计算需要的数据。

表 2-3-14　实验数据（十一）

载荷 （N）										
	P									
	ΔP									
各测点电阻应变仪读数 $\mu\varepsilon$	m 点	45°	ε_p							
			$\Delta\varepsilon_p$							
			$\overline{\Delta\varepsilon_p}$							
		0°	ε_p							
			$\Delta\varepsilon_p$							
			$\overline{\Delta\varepsilon_p}$							
		−45°	ε_p							
			$\Delta\varepsilon_p$							
			$\overline{\Delta\varepsilon_p}$							
	m' 点	45°	ε_p							
			$\Delta\varepsilon_p$							
			$\overline{\Delta\varepsilon_p}$							
		0°	ε_p							
			$\Delta\varepsilon_p$							
			$\overline{\Delta\varepsilon_p}$							
		−45°	ε_p							
			$\Delta\varepsilon_p$							
			$\overline{\Delta\varepsilon_p}$							

表 2-3-15　实验数据（十二）

载荷 （N）			100	200	300	400	500	600
	P		100	200	300	400	500	600
	ΔP		100	100	100	100	100	
电阻应变仪读数 $\mu\varepsilon$	弯矩 ε_M	ε_p						
		$\Delta\varepsilon_p$						
		$\overline{\Delta\varepsilon_p}$						
	扭矩 ε_n	ε_p						
		$\Delta\varepsilon_p$						
		$\overline{\Delta\varepsilon_p}$						

（3）加载过程中一定要缓慢，不可快速加载，以免超过预定荷载值，造成测试数据不准确，同时注意不要超过实验方案中预定的最大荷载，以免损坏试件；该实验最大荷载

700 N。

（4）实验结束，一定要先将荷载卸掉，必要时可将加载附件一起卸掉，以免误操作损坏试件。

（5）确认荷载完全卸掉后，关闭仪器电源，整理实验台面。

六、实验结果处理

（一）主应力及方向

m 或 m' 点实测值主应力及方向计算：

$$\begin{matrix} \sigma_1 \\ \sigma_3 \end{matrix} = \frac{E(\varepsilon_{45°} + \varepsilon_{-45°})}{2(1-\mu)} \pm \frac{\sqrt{2}E}{2(1+\mu)} \sqrt{(\varepsilon_{45°} - \varepsilon_{0°})^2 + (\varepsilon_{-45°} - \varepsilon_{0°})^2}$$

$$\tan 2\alpha_0 = \frac{\varepsilon_{45°} - \varepsilon_{-45°}}{2\varepsilon_{0°} - \varepsilon_{45°} - \varepsilon_{-45°}}$$

m 或 m' 点理论值主应力及方向计算：

$$\begin{matrix} \sigma_1 \\ \sigma_3 \end{matrix} = \frac{\sigma_x}{2} \pm \sqrt{\left(\frac{\sigma_x}{2}\right)^2 + \tau_n^2}$$

$$\tan 2\alpha_0 = \frac{-2\tau_n}{\sigma_x}$$

（二）计算弯曲正应力、扭转剪应力

1. 理论计算

弯曲正应力

$$\sigma_x = \frac{M}{W_z}$$

$$W_z = \frac{\pi D^3}{32}\left[1 - \left(\frac{d}{D}\right)^4\right]$$

扭转剪应力

$$\tau_n = \frac{M_n}{W_T}$$

$$W_T = \frac{\pi D^3}{16}\left[1 - \left(\frac{d}{D}\right)^4\right]$$

2. 实测值计算

弯曲正应力

$$\sigma_x = E\varepsilon_M$$

扭转剪应力

$$\tau_n = \frac{E\varepsilon_n}{1+\mu}$$

（三）实验值与理论值比较

实验值与理论值比较见表 2-3-16 和表 2-3-17。

表 2-3-16　m 或 m' 点主应力及方向

比较内容		实验值	理论值	相对误差(%)
m 点	σ_1(MPa)			
	σ_3(MPa)			
	α_0(°)			
m' 点	σ_1(MPa)			
	σ_3(MPa)			
	α_0(°)			

表 2-3-17　m—m' 截面弯曲正应力和扭转剪应力比较

比较内容	实验值	理论值	相对误差(%)
σ_M(MPa)			
τ_n(MPa)			

七、思考题

(1) 测量单一内力分量引起的应变,可以采用哪几种桥路接线法?

(2) 主应力测量中,45°直角应变花是否可沿任意方向粘贴?

(3) 对测量结果进行分析讨论,产生误差的主要原因是什么?

第 4 章　选择性实验

§4.1　混凝土无损检测实验

一、实验仪器

2SCANLOG 型钢筋定位仪 1 台、ZC3 - A 型数字回弹仪 1 台(见图 2-4-1),超声波检测仪 1 台,电源、导线若干,插座 1 个。

图 2-4-1　ZC3 - A 型数字回弹仪

二、基本原理

(一)钢筋定位仪

钢筋定位仪能快速简便地确定钢筋的位置,检测钢筋的直径和混凝土保护层的厚度,目前广泛应用于钢筋混凝土结构的无损检测。

电磁感应及涡流原理:当穿过闭合线圈的磁通改变时,线圈中出现电流的现象叫电磁感应;当整块金属内部的电子受到某种非静电力时,金属内部就会产生感应电流,这种电流就叫涡流。由于多数金属的电阻很小,因此不大的非静电力往往可以激起很大的涡流。电磁感应及涡流原理是钢筋定位仪检测的理论基础。

(二)仪器的工作原理

钢筋定位仪由主机及探头组成。根据电磁感应原理,由主机的振荡器产生频率和振幅稳定的交流信号,送入探头的激磁线圈,在线圈周围产生交变磁场,引起测量线圈出现感应电流,产生输出信号。当没有铁磁性的物质进入磁场时,由于测量线圈的对称性,此时输出信号最小,当探头逐渐靠近钢筋时,探头产生交变磁场,在钢筋内激发出涡流,而变化的涡流又反过来激发变化的电磁场,引起输出信号值慢慢增大。探头位于钢筋正上方,且其轴线与被测钢筋平行时,输出信号值最大,由此定出钢筋的位置和走向,当不考虑信号的衰减时,测量线圈输出的信号值 E 是钢筋直径 D 和探头中心至钢筋中心的垂直距离 y,以及探头中心至钢筋中心的水平距离 x 的函数。可表示为

$$E = f(D, x, y) \tag{2-4-1}$$

探头位于钢筋正上方时,$x = 0$,此时可简单的表示为

$$E = f(D, y) \tag{2-4-2}$$

因此,当已知钢筋直径时,根据信号值 E 的大小,便可以计算出 y,从而得出保护层厚度 $H = y - D/2$。由式(2-4-2)可知,E 是一个二元函数,要测出 D,必须测量两种状态下的信号值 E,建立方程组

$$\begin{cases} E_1 = f(D_1, y_1) \\ E_2 = f(D_2, y_2) \end{cases} \tag{2-4-3}$$

目前主要通过下面两种方法来测量钢筋直径。

(1)内部切换法:探头置于钢筋正上方,轴线与被测钢筋平行,仪器自动切换测量状态测量两次,得出直径测量值。该方法无须变换探头位置,减少了产生误差的环节,快捷方便容易操作。

(2)正交测量法:探头置于钢筋正上方,轴线与被测钢筋平行、垂直时各测一次,得出直径测量值。该方法因测量过程中变换位置引入了两次测量误差。

(三)检测步骤

用钢筋定位仪检测时的工作步骤可简单表示为:

(1)开机,设定工作参数。按"on/off"键,显示仪器型号、序列号、软件版本、自动检测OK、电池剩余寿命。设置钢筋直径编号、保护层下限值、临近钢筋影响的修正、语种、基本设置、数据输出、数字显示方式、钢筋扫描方式、保护层灰度显示方式,移动"↑""↓"键选择菜单项,按 Start 进入菜单项,按 End 回到测试界面。

(2)预设钢筋的直径,如瑞士 proceq 公司的 profoimeter 5 钢筋定位仪预设 $D = 16$ mm。移动探头定出钢筋的位置及走向,在混凝土表面上做标记。

(3)将探头置于钢筋的正上方,探头轴向与钢筋走向一致,测出钢筋的直径 D。

(4)重新输入 D 值,同样将探头置于钢筋的正上方,探头轴向与钢筋走向一致,便可以准确测出保护层的厚度 H。

(四)回弹仪测强度

回弹法是用弹簧驱动的一个重锤,通过弹击杆(传力杆),弹击混凝土表面,并测出重锤被反弹回来的距离,以回弹值(反弹距离与弹簧初始长度之比)作为与强度相关的指标,以此来推定混凝土强度的一种方法。

当重锤被拉开(冲击前的起始状态)时,若弹簧的拉伸长度等于 L,则此时重锤所具有的势能 E 为

$$E = \frac{1}{2} E_s L^2 \tag{2-4-4}$$

式中,E_s 为拉力弹簧的刚度系数;L 为拉力弹簧的起始长度。

混凝土按冲击后产生的瞬时弹性变形,其恢复力使重锤回弹,当重锤被回弹到 x 位置时所具有的势能 E_x 为

$$E_x = \frac{1}{2} E_s x^2 \tag{2-4-5}$$

所以重锤在弹击过程中,所消耗的能量 ΔE 为

$$\Delta E = E - E_x \tag{2-4-6}$$

将式(2-4-4)和式(2-4-5)代入式(2-4-6)中得

$$\Delta E = E[1 - (x/L)^2] \tag{2-4-7}$$

令

$$R = x/L$$

在回弹仪中,L 为定值。所以 R 与 x 成正比,称为回弹值。将 R 代入得

$$R = \sqrt{1 - \Delta e / E} = \sqrt{e_x / E} \tag{2-4-8}$$

由式(2-4-8)可知,回弹值等于重锤冲击混凝土表面后剩余的势能与原有势能之比的平方根。简而言之,回弹值是重锤冲击过程中势能损失的反映。能量主要损失在以下几个方面:

(1)混凝土受冲击后产生塑性变形所吸收的能量。

(2)混凝土受冲击后产生振动所消耗的能量。

(3)回弹仪各结构之间的摩擦所消耗的能量。

在具体实验中,构件应该有足够的厚度,上述两项应尽可能使其固定于某一统一的条件。

例如,对较薄的试件进行加固,以减少振动,使冲击能量与仪器内摩擦损耗尽量保持统一等。因此,回弹仪应尽量进行统一的剂量率,第一项是主要的。

根据以上分析可以认为,回弹值通过重锤在弹击混凝土的前后能量变化,既反映了混凝土的弹性性能,也反映了混凝土的塑性性能,和混凝土强度有必然的关系,所以可以建立混凝土强度与回弹值的相关关系方程式,即测强曲线。通常,由于碳化的混凝土表面硬度增大,使测量的回弹值偏高,且碳化程度不同对回弹值的影响程度也不同。大量的研究和现场测试表明,碳化深度能在相当程度上反映包括混凝土龄期和混凝土所处的环境在内的综合影响,所以应把碳化深度也作为测量曲线的另一个参数。

(五)超声波法测强度

声速即超声波在混凝土中的传播速度。它是混凝土超声波检测中的一个主要参数。混凝土的声速与混凝土的弹性性质有关,也与混凝土的内部结构孔隙、材料组成有关。不同组成的混凝土,其声速也各不相同,一般来说,弹性模量越高,内部越是致密,其声速也越高。而混凝土的强度也与它的弹性模量、孔隙率密实性有密切关系。因此,某种意义上,超声波速与混凝土强度之间存在相关关系。

(六)超声回弹综合法

1.原理

超声回弹综合法是利用回弹法测定混凝土表面硬度即回弹值,同时利用超声仪测定超声波在混凝土中的声速值,根据回弹值和声速值推定混凝土的强度。由于超声声速值反映了混凝土的内部密实度,而且混凝土强度不同,其结构密实度也不同,因此可以完全建立超声声速值与混凝土抗压强度之间的相关关系式。由于声速值与回弹值综合后,原来对超声声速与回弹值有影响的因素,都不像原来单一方法时那么显著,这就扩大了超声回弹综合法的适应强度范围,提高了测试精度。

2.超声回弹综合法的基本检测方法

1)回弹值的检测与计算

(1)回弹值的测量。用于综合法测强的回弹仪,必须是处于标准状态,并于钢砧上率定值为十的仪器。用回弹仪测定时,宜使仪器处于水平状态测定混凝土浇筑侧面,此种情况修正值为0。如不能满足这一要求,也可在非水平状态测试混凝土的浇筑顶面或底面,但其回弹值应进行修正。测点宜在测区范围内均匀分布,并不弹击在气孔或外漏的石头上,同一测点只允许弹击一次,相邻两测点的间距一般不小于测点离试块边缘的距离。回弹仪的轴线方向与测试面相垂直。

（2）回弹值的计算。计算测区平均回弹值时,应将从该测区的两个测试面 16 个回弹值中,分别剔除一个最大值和一个最小值,然后将剩余 10 个回弹值的平均值作为该试块的回弹值 R_m。

$$R_m = \sum_0^{10} R_i/10 \qquad (2\text{-}4\text{-}9)$$

式中,R_m 为测区或试块平均回弹值,计算精确至 0.1;R_i 为第 i 个回弹值。

2）超声声速值的测量与计算

（1）超声声速值的测量。超声仪必须符合技术要求并具有质量检查许可证。超声测点应布置在回弹测区的同一测区。为了保证换能器与测试面之间有良好的声耦合,采用凡士林作为耦合剂,发射和接收换能器应在同一轴线上,测点布置如图 2-4-2 所示。

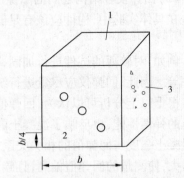

1—浇筑方向;2—超声测试方向;
3—回弹测试方向

图 2-4-2

（2）声速值的计算。测试后得到一组试块声速值,取平均值,保留小数点后一位数字,然后除以声通路的距离即试块两测试面间的距离,即可得到声速值,并保留小数点后两位数字。

$$v = l/t_m \qquad (2\text{-}4\text{-}10)$$

$$t_m = (t_1 + t_2 + t_3)/3 \qquad (2\text{-}4\text{-}11)$$

式中,v 为试块声速值; l 为超声测距;t_m 为测区或试块平均声速值。

三、内容与方法

（1）利用钢筋定位仪检测结构构件（柱）钢筋的位置、保护层厚度、钢筋的直径。测量钢筋的位置、保护层厚度、钢筋的直径均要在剔除表面抹灰部分后,借助仪器实施。由于部分位置发生浇筑偏移（保护层太厚）或表面难以进行打平操作（梁）,造成在现有条件下无法对保护层厚度和钢筋的直径进行测量,只测量了钢筋的位置。

（2）运用超声回弹综合法测试柱、梁的强度,借助于混凝土试块的抗压强度和非破损参数间的相关关系建立的曲线,即超声回弹综合法测强曲线,再根据实际的回弹和超声结果推断结构混凝土的强度。在超声回弹法测试柱、梁强度的过程中,为确保一定的精度,先将每根柱子都分成 2 个测区,每个测区取 16 个回弹值。对于每个测区,可从所得的 16 个回弹值中,剔除 3 个最大值和 3 个最小值,余下的 10 个回弹值用于计算该测区的平均回弹值,由此所得的回弹值还要根据不同的测试条件进行相关修正,修正值即为该测区的最终回弹值。同时,在同一测区再选择 3 点,测试它们相应的超声声速值。利用以下公式分别计算平均回弹值及测区声速。

$$R_m = \left[\sum_{i=1}^n R_i\right]/n \qquad (2\text{-}4\text{-}12)$$

式中,R_m 为测区平均回弹值;n 为测区数,实验中 n 取 10;R_i 为第 i 个测区的回弹值。

$$v = l/t_{\mathrm{m}}$$

$$t_{\mathrm{m}} = (t_1 + t_2 + t_3)/3 \tag{2-4-13}$$

式中,v 为测区声速值 km/s;l 为超声测距,mm;t_{m} 为测区平均声速值;t_1、t_2、t_3 分别为测区中 3 个测点的声速值。

由上式计算所得的平均声速值也要根据不同的测试条件进行相关修正,修正值即为该测区的最终超声声速值。

四、实验数据与相关数据分析

钢筋的位置、保护层厚度、钢筋的直径,测量内容通过附件反映。

（一）附件一:G —⑩柱子

距地高度:104 cm,钢筋的配筋情况（说明性图形表达）见图 2-4-3。

说明:

5 号面:a 处保护层为 42 mm,钢筋直径 $d = 28$ mm;b 处保护层为 38 mm,钢筋直径 $d = 28$ mm。

8 号面:c 处发生漏筋现象,a 距左边缘 4 cm,b 距右边缘为 4 cm。

柱子南北方向不方便测量。

（二）附件二: E —⑧柱子

距地高度: 120 cm,钢筋的配筋情况见图 2-4-4。

说明:

7 号面:d 处保护层为 35 mm,钢筋直径 $d = 20$ mm;c 处保护层为 38 mm;钢筋直径 $d = 21$ mm。

6 号面:发生较大偏移,造成保护层太厚,无法检测;d 距左边缘 3 cm,c 距右边缘 5 cm,b 距下边缘 3 cm,c 距上边缘 4.5 cm。

（三）附件三:E —⑨柱子

距地面高度:120 cm,钢筋的配筋情况见图 2-4-5。

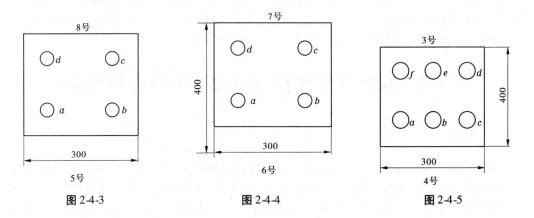

图 2-4-3　　　　　　　　　图 2-4-4　　　　　　　　　图 2-4-5

说明:

4 号面:a 处保护层为 41 mm,钢筋直径 $d = 22$ mm;b 处保护层为 32 mm,钢筋直径 $d =$

23 mm；c 处保护层为 55 mm，钢筋直径 $d = 26$ mm。

3 号面：a 处保护层为 55 mm，钢筋直径 $d = 26$ mm；f 处保护层为 41 mm，钢筋直径 $d = 35$ mm。

a 距左边缘 7 cm，b 距右边缘 15 cm，c 距右边缘 6 cm，a 距下边缘 4.5 cm，f 距左边缘 3 cm。

柱子超声回弹检测实测数据见表 2-4-1。

表 2-4-1　柱子超声回弹检测实测数据

	回弹值					超声波声时值	混凝土强度
1							
2							
3							
4							
5							
6							

注：1、2 组数据为 G—⑩柱子 5 号面、8 号面实测数据；

　　3、4 组数据为 E—⑧柱子 6 号面、7 号面实测数据；

　　5、6 组数据为 E—⑨柱子 3 号面、4 号面实测数据。

数据分析：

由钢筋定位仪测出的钢筋的位置、保护层厚度、钢筋的直径由上述数据可一目了然地看出，可以与实际施工图对比来确定偏移情况。

按照《超声回弹综合法检测混凝土强度技术规程》(CECS02:2005)规程规定，得到该混凝土构件的强度测定值为 49.6 MPa。通过拟合和拟合检验，混凝土回弹值满足正态分布 $N(50.1, 22)$；超声波时值满足 B 分布，$a = 103.9$，$B = 3.47$，$s = 214.8$。柱子直径在 980 ~ 1 000 mm 均匀分布。另外，通过各随机变量的灵敏度分析发现，混凝土回弹值、超声波声时值和柱子的灵敏度分布、分别为 85.3%、14.3%、2.2%，说明混凝土回弹值对混凝土强度换算值的影响最大，同时也说明在运用超声波回弹综合法检测混凝土强度时，超声波声时或超声波声速的测量主要是起修正检测精度的作用。

§4.2　高密度电法在地质物探中的应用实验

一、概述

电法勘探可以追溯到 19 世纪初 P. Fox 在硫化金属矿上发现自然电场现象，至今已有 100 多年的历史。我国电法勘探始于 20 世纪 30 年代，由当时北平研究院物理研究所的顾功叙先生所开创。经过 80 余年的发展，我国的电法勘探在基础理论、方法技术和应用效果等方面都取得了巨大的进展，使电法成为应用地球物理学中方法种类最多、应用面最广、适应性最强的一门分支学科。同时，经过广大地球物理工作者的不懈努力，在深部构造、矿产资源、水文及工程地质、考古、环保、地质灾害、反恐等领域,电法已经或正在发挥着重要作用。高密度电法由于其高效率、深探测和精确的地电剖面成像,成为地质勘察中最有效的方法。高密度电法指的是直流高密度电阻率法,但由于从中又发展出直流激发极化法,所以统称高密度电法。它是近几年新兴起的一种无损检测方法,是一个集自动化、智能化、可视化为一体的数据采集系统。高密度电阻率法实际上是一种阵列勘探方法,野外测量时只需将全部电极(几十至上百根)置于测点上,然后利用程控电极转换开关和微机工程电测仪便可实现数据的快速和自动采集。当测量结果送入微机后,还可对数据进行处理并给出关于地电断面分布的各种物理解释的结果。该测量方法与常规电法相比较具有信息丰富、数据量大、野外施工便捷、快速等优点,同时还具有较高的横向分辨率和纵向分辨率。显然,高密度电法勘探的出现使得电法勘探的野外数据采集工作得到了质的提高和飞跃,同时使得资料的可利用信息大为丰富,高密度电阻率勘探技术的运用与发展,使电法勘探智能化程度向前迈进了一大步。由于该技术的快速发展,开发该实验项目显得尤为重要。本书结合具体工程案例介绍高密度电法在地质物探中的应用。

二、应用领域

高密度电法可广泛应用于能源勘探与城市物探、道路与桥梁勘探、金属与非金属矿产资源勘探等方面;亦用于工程地质勘察(地基基岩界面、岩溶、基岩断裂构造、覆盖层厚度、滑坡体滑移面等探测),水文工程(如找水、探测场地地下水分布等);堤坝隐患和渗漏水探测,洞体探测,考古工作,矿井、隧道含水构造及小煤窑积水探测。

三、基本原理

高密度电法与常规直流电法一样,是利用天然或人工电场,对不同岩层的电性差异引起的电场异常,查明岩层和构造等问题。高密度电法首先采用三电位电极系(即 α、β、γ 装置),在地面上进行二维测量。后来,研究提出阵列电探系统,它不仅增加了装置序列,而且可在井孔中实现 CT 成像。20 世纪 90 年代后,阵列电探系统开始往三维电阻率测量方面发展,并成功地实现了少量电极、小网格的正反演理论计算,研制出了各种各样的处理软件。三电位电极系是将温纳四极、偶极及微分装置按一定方式组合所构成的一种统一测量系统,该系统在实测中,只须利用电极转换开关,便可将每四个相邻电极进行一次组合,从而在一个测点便可获得多种电极排列的测量参数。

高密度电法具有以下优点:

(1)电极布设一次性完成,减少了因电极设置引起的干扰和由此带来的测量误差;能有效地进行多种电极排列方式的测量,从而可以获得较丰富的关于地电结构状态的地质信息。

(2)数据的采集和收录全部实现了自动化(或半自动化),不仅采集速度快,而且避免了由于人工操作所出现的误差和错误。

(3)可以实现资料的现场实时处理和脱机处理,根据需要自动绘制和打印各种成果图件,大大提高了电法的智能化程度。由此可见,高密度电法是一种成本低、效率高、信息丰富、解释方便且勘探能力显著提高的电法勘探新方法。

（一）E60C 型高密度电法仪采集数据原理

主要原理是利用不同频率电源分别向地下供电,电场稳定后断电,测量岩土体的电位衰减规律从而求出频散率。该方法主要是以岩土体的电容特性为基本物理量进行数据采集的。在数据采集的过程中将计算后的频散率直接以图形的方式显示在测窗内。

（二）工程物探方法原理

高密度电法是一个集自动化、智能化、可视化为一体的数据采集系统,与电剖面地质岩性物质成分的电性差异、电阻率与地层的岩性、空隙度及其中所充填物的性质有密切关系。通过地表不同电极距的设置可采集到地下不同的地点,不同深度的视电阻率,再对蕴含有各种地质信息的视电阻率值,采用计算机数据处理,解释及成图,从而推演出地质体的大小、形状及分布特征。因此,利用该方法来查明地下洞穴的存在及岩溶的发育情况与分布特征,具有良好的地球物理特征。

四、野外数据采集的基本步骤

（1）按照设计的装置形式布置远电极、电极,并将电极、电缆、主机接地线以及主机连接好。注意:主机接地线电极应该设置在距第一个电极 5 倍电极间距的位置处,以免影响测试资料。

（2）连接主机的电源线,注意电源线的正负极。

（3）等到外围设备安置好后,打开主机的电源开关并执行相应的高密度数据采集软件。

（4）调用 Head 菜单进行采集参数的设置。

（5）执行 P – Check 菜单,进行电极开关的检测,对工作不正常的电极开关应该予以及时的剔除。注意:应该断开仪器外部的接地线以及远极线。

（6）执行 R – Check 菜单,进行接地电阻的检测,影响接地电阻的因素可能是电缆线与电极接触不好或者是电极接触不好,此时应该根据实际情况进行相应的处理。注意:应该断开仪器外部的接地线以及远极线。

（7）接地线、远极线与主机连接好后,执行 Start 菜单进行数据的采集工作,并观察相应的供电电流值、测量电压数值和视电阻率数据,若电流和电压数据不在正常范围内,则应该点取 Stop 菜单中止数据采集过程,再调用 Head 进行供电参数的选择;若屏幕显示的图形颜色不丰富,则应该根据实际采集的最大最小视电阻率数值,再调用 Palette 菜单进行色谱的调整。等到设计基本合理后,再执行 Clear 清除当前的图形并使电极重新复位。注意:在执行时会提示是否将当前数据进行存盘,选择否（N）即可,再点取 Start 菜单进行正常的数据采集。

（8）数据采集完成之后,可调用 Save 菜单将数据进行存盘。

五、工程案例分析

（一）案例一

本次工程研究对象为某铝业废料处置厂候选地址。铝业的废料处置厂选址有严格的要求,必须对被选场址的工程地质、环境地质及矿产地质等进行全面勘查和评价。铝业废料处置厂按规定应远离村庄 800 m,厂址的区域不能含有岩溶、断层、裂隙等不良地质。

本次数据采集使用 E60C 型高密度电法工作站完成,采用温纳装置进行测量,电极间距为 5 m,电极数为 56 个。野外仪器接收到的原始数据传输至计算机中,经过软件处理得出反演图像,反映地下地质体电性特征视电阻率成像剖面及其反演图见图 2-4-6。

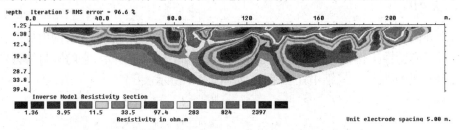

图 2-4-6　地下地质体电性特征视电阻率成像剖面及其反演图

如图 2-4-6 所示,测试成果表明,该场地地层大致分布较稳定,埋深 39 m 以上一般可分为三个电性层,第一电性层分布在该测区 82 ~ 210 m 处,深度在 5 m 左右,表现为高阻区,初步推断为岩石层;第二电性层分布在 0 ~ 80 m 处,深度在 5 m 左右及 95 ~ 210 m 处,深度在 6 ~ 28 m,表现为低阻区,推断为黏土层。第三电性层埋深一般在 30 m 向下,其电阻率值较稳定,为相对低阻区,估计为粉砂层。

（二）案例二

吴家庄水库检测,吴家庄水库位于沂河水系浚河支流砂河上,控制流域面积 21 km²。坝址坐落于平邑县吴家庄村西南,坝下游 6 km 处为平邑县县城,西 6 km 处有兖石铁路,东 3.5 km 处有 327 国道,南 6 km 处为日东高速公路。吴家庄水库由吴家庄水库建设指挥部负责施工,1959 年 10 月开工,历经 8 个月的紧张施工,于 1960 年 5 月竣工。工程建成后,曾进行多次维修和加固处理。

库坝区出露的基岩主要以沉积岩为主,其次为侵入岩,它们组成了库区周围的低山地貌,坝后区为单皮护坡,经过 40 多年的运行,坡面高低不平,多处出现冲沟,草皮护坡下填土岩性为角砾,主要由灰岩组成,填筑质量较差。

六、应用中的制约因素

由高密度电法的产生发展可知,高密度电法的基础原理还是常规电法,所以它依然继承了常规电法固有的制约因素。在水电行业应用中,主要呈现的制约因素有:

（1）地形的影响是本行业最常见的影响因素,尽管目前也出现了地形改正软件,但功能完善的并不多,总体效果不是很理想。

（2）探测体埋深过大。根据电法理论,探测体的规模与埋深需达到一定比例后方能被探测。如果规模偏小,埋深偏大,则不能被仪器有效接收。直流电阻率法的最大垂向分辨能力(探测深度)深径比对二度体不超过 $7/l$,对三度体不超过 $3/l$。

（3）多解性。由电法理论可知,探测体的电阻率和埋深之间存在 S 等值和 T 等值关系,如果其中一个参数不确定,那么就可能对应多个结果而曲线形态和曲线拟合结果完全一样。这就会在工程应用中造成很大的误差。

（4）旁侧影响。两个相邻的测点，其中一个点靠近山体或水边，那么其曲线形态就会发生较大变化，相应的解释也会发生大的变动，然而事实上地质结构却没有多大变化。这种旁侧影响也会引起高密度电法产生较大误差。

七、展望

从国外网站上了解到，高密度电法探讨领域已向三维勘探方向发展，国内一些科研单位也进行了实验性工作，它的工作布置和数据采集如图2-4-7所示，它的资料解释图件也从二维的 xz 平面发展成三维中任一平面，如图2-4-8所示。

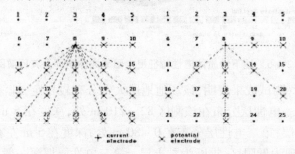

图2-4-7　三维高密度电法勘探电极排列示意图

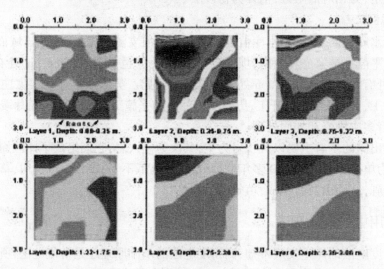

图2-4-8　三维高密度电法勘探成果图

以上分析可以看出，这种方法的解释更接近于实际，精度大为提高，参数更加丰富。但是此方法还停留在实验阶段，制约这一方法发展的主要原因是解释运算的数据量太大，尤其是反演中的雅可比函数矩阵尚无简便快速算法，它的计算量是目前最先进的个人计算机无法胜任的，所以只能等待先进算法的研究和计算机性能的提高了。

§4.3　探地雷达在地质物探中的应用实验

一、概述

(一)无损检测技术

无损检测(Nondestructive Testing,NDT)是指对材料或工件实施一种不损害或不影响其未来使用性能或用途的检测手段。通过使用 NDT,能发现材料或工件内部表面所存在的欠缺,能测量工件的几何特征和尺寸,能测定材料或工件内部组成、结构、物理性能和状态等。它能应用于产品设计、材料选择、交工制造、成品检验、在役检查(维修保养)等多方面,在质量控制与降低成本之间能起最优化作用。无损检测还有助于保证产品的安全运行和有效使用。

常用的无损测试技术有射线探伤、超声检测、声发射检测、渗透探伤、磁粉探伤。此外,中子射线照相法、激光全息照相法、超声全息照相法、红外检测、微波检测等无损测试新技术也得到了发展和应用。

(二)地质雷达的优越性

地质雷达(Ground Penetrating Radar,GPR)是探测地下物体的地质雷达的简称。地质雷达利用超高频电磁波探测地下介质分布,它的基本原理是:发射机通过发射天线发射中心频率为 12.5 ~ 1 200 M、脉冲宽度为 0.1 ns 的脉冲电磁波信号,当这一信号在岩层中遇到探测目标时,会产生一个反射信号。直达信号和反射信号通过接收天线输入到接收机,放大后由示波器显示出来。根据示波器有无反射信号,可以判断有无被测目标;根据反射信号到达滞后时间及目标物体平均反射波速,可以大致计算出探测目标的距离。

由于地质雷达的探测是利用超高频电磁波,使得其探测能力优于管线探测仪等使用普通电磁波的探测类仪器,所以地质雷达通常广泛用于考古、基础深度确定、冰川、地下水污染、矿产勘探、潜水面、溶洞、地下管缆探测、分层、地下埋设物探查、公路地基和铺层、钢筋结构、水泥结构、无损探伤等检测。

地质雷达作为近十余年来发展起来的地球物理高新技术方法,以其分辨率高、定位准确、快速经济、灵活方便、剖面直观、实时图像显示等优点,备受广大工程技术人员的青睐。现已成功地应用于岩土工程勘察、工程质量无损检测、水文地质调查、矿产资源研究、生态环境检测、城市地下管网普查、文物及考古探测等众多领域,取得了显著的探测效果和社会经济效益,并在工程实践中不断完善和提高,必将在工程探测领域发挥愈来愈重要的作用。

二、基本原理

(一)地质雷达的工作原理

地质雷达检测是利用高频电磁波以宽频带短脉冲的形式,其工作过程是由置于地面的发射天线发送入地下一高频电磁脉冲波,地层系统的结构层可以根据其电磁特性(如介电常数)来区分,当相邻的结构层材料的电磁特性不同时,就会在其界面间影响射频信号的传播,发生透射和反射。一部分电磁波能量被界面反射回来,另一部分能量会继续穿透界面进入下一层介质,电磁波在地层系统内传播的过程中,每遇到不同的结构层,就会在层间界面发生透射和反射,由于介质对电磁波信号有损耗作用,所以透射的雷达信号会越来越弱。探地雷达主要由天线、发射机、接收机、信号处理机和终端设备(计算机)等组成。

　　各界面反射电磁波由天线中的接收器接收并由主机记录,利用采样技术将其转化为数字信号进行处理。从测试结果剖面图得到从发射经地下界面反射回到接收天线的双程走时 t。当地下介质的波速已知时,可根据测到的精确 t 值求得目标体的位置和埋深。这样,可对各测点进行快速连续的探测,并根据反射波组的波形与强度特征,通过数据处理得到地质雷达剖面图像。而通过多条测线的探测,则可了解场地目标体平面分布情况。通过对电磁波反射信号(即回波信号)的时频特征、振幅特征、相位特征等进行分析,便能了解地层的特征信息(如介电常数、层厚、空洞等)。

　　地质雷达与探空雷达相似,利用高频电磁波(主频为数十数百乃至数千兆赫)以宽频带短脉冲的形式,由地面通过发射天线向地下发射,当它遇到地下地质体或介质分界面时发生反射,返回地面,被放置在地表的接收天线接收,并由主机记录下来,形成雷达剖面图。由于电磁波在介质中传播时,其路径、电磁波场强度以及波形将随所通过介质的电磁特性及其几何形态而发生变化。因此,根据接收到的电磁波特征,即波的旅行时间(亦称双程走时)、幅度、频率和波形等,通过雷达图像的处理和分析,可确定地下界面或目标体的空间位置或结构特征。

　　地质雷达由发射天线、接收天线、信号接收系统和处理系统组成。发射天线向目标物体发射高频电磁波,当电磁波到达检测体中两种不同介质分界面时(如衬砌界面、空洞、不密实区、钢结构等),由于上下介质的介电常数不同而使电磁波发声折射和反射。反射回地面的电磁波由接收天线所接收并传送至主机放大和初步处理,最后信号储存于计算机中,作为野外采集的原始数据。在室内把野外采集的原始数据通过专业分析软件处理,得到雷达时间剖面图,通过波速校正,可以转化为深度剖面图。图谱再经过滤波等处理,可使用不同层面清晰地反映出来,同时根据图形特征分析存在的缺陷和目标物的类型。

　　接收反射信号的强度 R 和时间历程 T 用下式表示:

$$R = \frac{\sqrt{\sum_1} - \sqrt{\sum_2}}{\sqrt{\sum_1} + \sqrt{\sum_2}} \tag{2-4-14}$$

$$T = \frac{2\sqrt{\sum_1}}{\sqrt{\sum_1} + \sqrt{\sum_2}} \tag{2-4-15}$$

式中,$\sum_1$、$\sum_2$ 分别为上、下介电常数。

　　探测物的时间历程如图 2-4-9 所示。

　　检测深度 H 按下式计算:

$$H = v \times \frac{T}{2} \tag{2-4-16}$$

式中,v 为波速,cm/ns;T 为时间,ns。

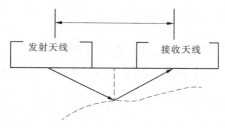

图 2-4-9　地质雷达探地原理示意图

波速 v 和介电常数 $\sqrt{\sum_1}$ 关系如下：

$$v = \frac{C}{\sqrt{\sum_1}} \qquad (2\text{-}4\text{-}17)$$

式中，C 为光速，为 30 cm/ns。

（二）相关概念

介电常数：介质在外加电场时会产生感应电荷而削弱电场，原外加电场（真空中）与最终介质中电场比值即为介电常数（Permeablity）又称诱电率。介电常数又叫介质常数、介电系数或电容率，它是表示绝缘能力特性的一个系数，以字母 ε 表示，单位为法/米。

三、仪器设备及操作方法

（一）仪器设备

采用拉脱维亚 Radar Systems 有限公司制造的 Zond – 12e 型地质雷达。Zond – 12e 型地质雷达是一种功能强大的探地雷达，其包括了探地雷达和计算机软件。Zond – 12e 型地质雷达的 Prism 软件可以人工设置异常物体为高亮状态，从而可以快速、容易地将目标与周围环境区分开来。Prism 软件同样可以显示目标深度、距离、信号强度以及其他更多的信息。

Zond – 12e 型地质雷达探测深度可以达到 30 m，可以实现多天线探测。Zond – 12e 型地质雷达的 Prism 软件可以设置成加亮不规则和显示最大的不同，以快速和容易地识别目标。软件同样显示深度、距开始点距离、信号强度等参数。

（二）操作方法

根据不同的实际需求，选择不同频率的天线和介质进行，采用测点的方法经过适当次数叠加而成。

四、探地雷达工作方法

探地雷达具有不同的野外工作方法，根据实际工区的地质、地形条件的不同，测量方式可以选择剖面法、多次覆盖法以及宽角法等。实际工作中，测量参数如分离距、时窗以及天线中心频率等也可以根据不同要求进行选择，选择不同的参数可以得到不同分辨率及不同探测精度的雷达图形。一般情况下，在正式进入工区以前，应有目的地进行前期参数选择实验，以达到最佳探测效果。

五、参数设置及资料处理流程

雷达采用的数据采用"Prism 2"软件包进行处理。

处理流程:数据输出→文件编辑→数字滤波→偏移→时深转换→图形编辑输出→雷达剖面图。

六、工程案例分析

本次检测,采用拉脱维亚 Radar Systems 有限公司制造的 Zond – 12e 型地质雷达,该仪器具有采集速度快、分辨率高、软件功能强大等特点。根据检测目的,采用 100 MHz 的屏蔽天线,以点测记录的方式采集数据。

探地雷达资料的地质解释是在数据处理后所得的探地雷达时间剖面图像中(见图 2-4-10),分析反射波组的波形与强度特征, 岩石岩性相对均一,雷达反射波几乎看不出明显的变化,反射波组为细密直线型;黏土层由于层间含水率差异、风化程度的差异等

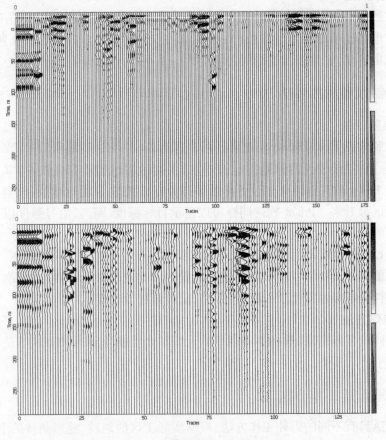

图 2-4-10

原因,雷达反射波呈现出高幅、低频、宽幅,并呈同相轴连续性;黏土层与石灰岩层之间电性差异较大,速度界面较清晰。石灰岩层中岩溶发育程度较弱或无岩溶层,反射波组也为细密直线型。当有岩溶发育时,反射波波幅和反射波组将随溶洞形态的变化横向上呈现

出一定的变化。一般溶洞的反射波为低幅、高频、细密波型,但当溶洞中充填风化碎石或有水时,局部雷达反射波可变强。溶蚀程度弱的石灰岩的雷达反射波组为高频、低幅细密波。

七、成果分析

地质雷达资料的地质解释是地质雷达探测的目的。由数据处理后的雷达图像,全面客观地分析各种雷达波组的特征(如波形、频率、强度等),尤其是反射波的波形及强度特征,通过同相轴的追踪,确定波组的地质意义,构建地质—地球物理解释模型,依据剖面解释获得整个测区的最终成果图。

地质雷达资料反映的是地下地层的电磁特性(介电常数及电导率)的分布情况,要把地下介质的电磁特性分布转化为地质分布,必须把地质、钻探、地质雷达这三个方面的资料有机地结合起来,建立测区的地质—地球物理模型,才能获得正确的地下地质结构模式。

雷达资料的地质解释步骤一般为:

(1)反射层拾取。根据勘探孔与雷达图像的对比分析,建立各种地层的反射波组特征,而识别反射波组的标志为同相性、相似性与波形特征等。

(2)时间剖面的解释。在充分掌握区域地质资料,了解测区所处的地质结构背景的基础上,研究重要波组的特征及其相互关系,掌握重要波组的地质结构特征,其中要重点研究特征波的同相轴的变化趋势。特征波是指强振幅、能长距离连续追踪、波形稳定的反射波。还应分析时间剖面上的常见特殊波(如绕射波和断面波等),解释同相轴不连续带的原因等。

§4.4　混凝土超声波回弹实验

一、实验目的

(1)培养学生的动手能力与实验意识。

(2)学习非金属超声监测仪的原理与使用。

(3)学习实验中的实验手段与数据处理方法。

二、实验设备

NM – 3C 非金属超声检测仪、探头、耦合剂及标准试块。

三、实验原理

超声波检测的基本原理是:超声波在不同的介质中传播时,将产生反射、折射、散射、绕射和衰减等现象,使我们由接收换能器上接收的超声波信号的声时、振幅、波形或频率发生了相应的变化,测定这些变化就可以判定建筑材料的某些方面的性质和结构内部构造的情况达到测试的目的。

图 2-4-11 是 NM – 3C 非金属超声检测分析仪（简称分析仪）工作原理示意框图。主要由高压发射与控制系统、程控放大与衰减系统、数据采集系统、专用微机系统四部分组成。

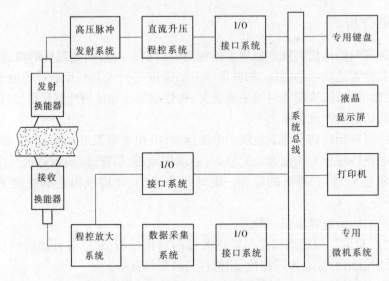

图 2-4-11　分析仪工作原理图

高压发射系统受同步信号控制产生的高压脉冲激励发射换能器,将电信号转换为超声波信号传入被测介质,由接收换能器接收透过被测介质的超声波信号并将其转换成电信号。接收信号经程控放大与衰减系统作自动增益调整后输送给数据采集系统。数据采集系统将数字信号快速传输到专用计算机系统中,计算机通过对数字化的接收信号分析得出被测对象的声参量。

在功能完善的软件支持下,本仪器充分发挥计算机的运算、分析与控制功能,使之成为集发射激励、信号接收、数据采集、自动检测、结果分析、显示打印、数据输入输出于一体的高智能化仪器。此外,仪器内的数据文件可方便地传输至计算机中,通过随机配套的 Windows 平台下的分析处理软件进行后期分析处理。

四、实验步骤

(一)使用前的准备工作

1. 连接换能器

在仪器发射口与接收口(1 或 2)分别连接发射、接收换能器。

2. 连接电源

1)交流电源供电

将交流供电电源插头插入 220 V 交流电源插座,圆头插头一端插入仪器电源插座。

2)直流电池供电

直接将仪器电池的圆头插头一端插入仪器电源插座。

3. 开机

按下仪器电源开关,电源指示灯显示绿色,并发出"嘀"的响声,几秒钟后,屏幕显示系统主界面(见图 2-4-12)。

图 2-4-12　屏幕显示系统主界面

若配置有测厚功能,则开机进入选择窗口,用"↑""↓"键选中超声检测后按确认键才出现图 2-4-13 所示的界面。

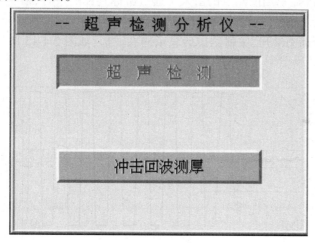

图 2-4-13　选择窗口

注:如需使用"冲击回波测厚"功能,需另行购置冲击回波测厚软件。

(二)声参量检测

声参量检测部分用于现场声参量检测、原始数据及波形的存储和打印。

1. 声参量检测界面

在主界面按检测按钮进入超声检测状态,图 2-4-14 所示分别是单通道和双通道测试时的界面。

1)测试参数区

(1)显示通道号。

(2)显示当前文件名。

(3)显示当前测点序号。

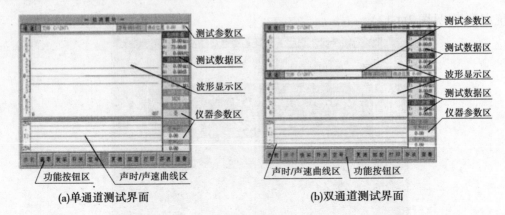

| (a)单通道测试界面 | (b)双通道测试界面 |

图 2-4-14

（4）显示当前测点位置（声波透射法测桩或"一发双收"测桩、测井时用）。

2）测试数据区

（1）检测数据区显示当前测点的自动判读首波声时、幅度以及波形的主频（须在参数设置中的"组合参数"项中选中了"T. A. F"）。

（2）游标数据区显示当前测点的由人工通过游标判读的声时、幅度值。

3）波形显示区

在采样时显示动态波形，采样结束后显示静态波形，如图 2-4-15 所示。

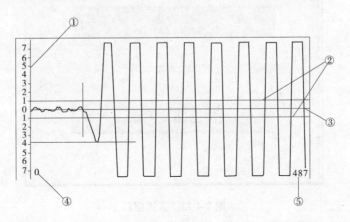

图 2-4-15

（1）图 2-4-15 中①为屏幕幅度的刻度，靠左显示的数字为参数设置中设置的首波控制电平（见图 2-4-15 中④），用于控制仪器自动调整首波幅度到此位置附近。

（2）图 2-4-15 中②为首波控制线，波幅在两条首波控制线之间的波形被仪器自动认定为噪声信号，在进行首波自动判读时，要求首波幅度要超出首波控制线（动态采样时可用"↑""↓"调整首波控制线的位置，也可用" ＋ "、" － "调整信号的波形幅度）。

（3）图 2-4-15 中③为波形窗口的中线，称为基线。

（4）图 2-4-15 中④为波形窗口内第一个显示点在所采波形中的位置。

（5）图 2-4-15 中⑤为波形窗口内最后一个显示点在所采波形中的位置。

4）声时/声速曲线区

声时/声速曲线区用于实时显示声时曲线或声速曲线。

（1）声时曲线：测点—声时曲线（纵坐标为声时与所有已测测点声时平均值的比值）。

（2）声速曲线：测点—声速曲线（纵坐标为声速与所有已测测点声速平均值的比值）。

该区域有下列几种用途：

（1）单通道测试：显示当前通道的声时曲线。

（2）双通道一发双收单孔测试：显示声速曲线。

（3）其他双通道测试：分别显示两通道的声时曲线。

5）功能按钮区

按数字键执行相应按钮的功能。

2. 参数设置

在超声检测界面下，按"参数"按钮就会弹出"参数设置"对话框，如图 2-4-16 所示。

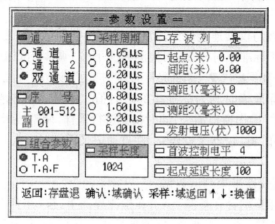

图 2-4-16　"参数设置"对话框

可以在此进行参数设置。在未退出声参量检测界面前参数设置将会一直保持，重新进入声参量检测界面时，系统会自动将这些参数重置为默认值。

设置参数操作如下：

（1）"确认"：确认当前参数项的设置，并将光标移到下一个选择项。

（2）"采样"：确认当前参数项的设置，并将光标移到上一个选择项。若当前域内的参数值是选择输入，则可用"▲""▼"二键选择。

（3）返回：退出参数设置窗口并保存设置。

3. 调零

1）调零操作的用途

调零操作的用途是消除声时测试值中的仪器及发、收换能器系统的声延时（又称零声时 t_0）。每次现场测试开始前或更换测试导线及传感器后都应进行调零操作。

2）操作方法

用"▲""▼"键在手动和自动调零之间切换。

（1）手动调零。

①测试、计算零声时。对于厚度振动型换能器(也称夹心式或平面测试换能器),需将与仪器连接好的换能器直接耦合或耦合于标准声时棒上,读取声时值,计算零声时并将其输入到"手动"零声时输入框。

$$t_0 = t'_0 + t - t' \tag{2-4-18}$$

式中,t_0 为待输入的零声时;t'_0 为原来的零声时;t 为测试所得的声时值;t' 为标准棒的标准声时,若直接耦合则为 0。

②输入零声时。在检测界面下按"调零"按钮,弹出如图 2-4-17 所示的调零操作窗口。

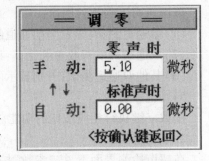

图 2-4-17　调零操作窗口

在"手动"参数输入框输入计算出的零声时,并按"确认"按钮确认(必须在光标停留在"手动"零声时框时按"确认"按钮)。此时调零操作窗口消失,零声时设置完成。

(2)自动调零。将与仪器连接好的厚度振动型换能器(也称夹心式或平面测试换能器)直接耦合或耦合于标准声时棒上,在检测界面下按"调零"按钮弹出如图 2-4-17 所示的"调零"操作窗口。用"▲""▼"键将光标移至"自动"参数输入框,输入标准声时值(直接耦合时为零,使用标准棒时则为标准棒的声时值),必须在光标处于此输入框中时按"确认"键,此时"调零"操作窗口消失,同时仪器进行采样,调整波形使自动判定线正确判定首波位置后按"采样"键,仪器采样停止,并自动记录零声时。

4. 采样

用"采样"键控制仪器采集测试数据。

操作方法:当换能器耦合在被测点后,在检测界面下,按"采样"键仪器开始发射超声波并采样,仪器自动调整(或人工调整)好波形后再次按该键,仪器就会停止发射和采样,并显示所测得的声参量数值。

5. 快速采样

快速采样适用于被测物声速无明显变化且测试距离保持基本不变的情况,在快采状态下,每次采样时不进行波形自动调整,但可用"+""-""▲""▼"进行波形幅度及位置的人工调整,这种方式的采样速度较快,可提高工作效率。

操作方法:当已经成功地对某测点进行自动判读后,在检测界面下按"快采"按钮,该按钮变为灰色并且凹下,此时仪器处于快采状态。再次按"快采"按钮则仪器取消快采状态。

6. 关闭通道

在进行声波透射法测桩时,利用一个发射换能器、两个接收换能器进行两对声测管同时检测的情况下,如果两个接收换能器所在声测管的可测试长度不同(例如堵管使传感器无法下行),造成某一个通道的测试要提前结束,利用此功能可将该接收通道关闭。

操作方法:按下"关闭"按钮,在弹出的设置框中,用"▲""▼"键选择要关闭的通道号,按确认键确认。

7. 设置空号

对于测试过程中无法测读声参量的测点需将该测点设置成空号,否则该点会出现异常声参量,影响整个数据文件的分析处理结果。

操作方法:在检测界面下按"删除"键将出现图 2-4-18 所示的对话框。若为单通道测试,按"确认"键则当前测点置为空号;若为双通道测试则在对话框中要求用"3""4"键选择要设置空号的通道(通道 1、通道 2 或双通道)。

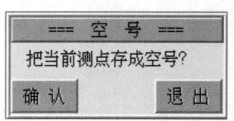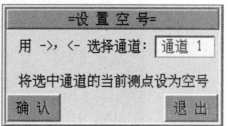

(a)单通道空号设置　　　　　　　　　　　　　　(b)双通道空号设置

图 2-4-18

8. 打印

用于打印当前通道数据文件中的数据或屏幕波形。

操作方法:在检测界面下按"打印"按钮,会弹出选择窗口,正确连接好打印机并放好打印纸后,按"1"键打印数据,按"2"键打印波形(见图 2-4-19)。

9. 存储波形

用于在测试过程中将当前通道的当前波形及测试参数存成波形文件(扩展名为WW)。

操作方法:在检测界面下按"存波"按钮,会弹出输入文件名的窗口,输入文件名后按"确认"键退出该窗口,并将波形文件保存到仪器中(见图 2-4-20)。

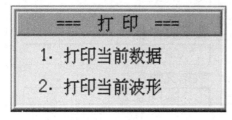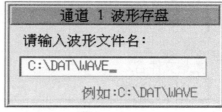

图 2-4-19　　　　　　　　　　　　　　　图 2-4-20

10. 查看数据及波列

用于在测试过程中查看当前通道中的已测数据及波列。

操作方法:在检测界面下按"查看"按钮,显示当前通道的数据列表(见图 2-4-21),此时可按"▲""▼"键翻阅,或按"返回"键退回到检测状态,如果在参数设置中选择了存波,此时还可以按"确认"键查看波列,并进行波列操作。

11. 数据存盘

用于将测试参数及各测点的声参量作为一个数据文件存储于仪器中,以便断电保存

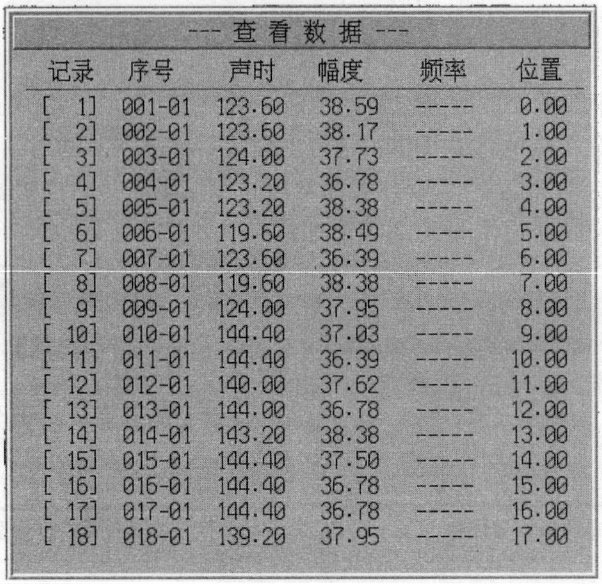

--- 查看数据 ---

记录	序号	声时	幅度	频率	位置
[1]	001-01	123.60	38.59	-----	0.00
[2]	002-01	123.60	38.17	-----	1.00
[3]	003-01	124.00	37.73	-----	2.00
[4]	004-01	123.20	36.78	-----	3.00
[5]	005-01	123.20	38.38	-----	4.00
[6]	006-01	119.60	38.49	-----	5.00
[7]	007-01	123.60	36.39	-----	6.00
[8]	008-01	119.60	38.38	-----	7.00
[9]	009-01	124.00	37.95	-----	8.00
[10]	010-01	144.40	37.03	-----	9.00
[11]	011-01	144.40	36.39	-----	10.00
[12]	012-01	140.00	37.62	-----	11.00
[13]	013-01	144.00	36.78	-----	12.00
[14]	014-01	143.20	38.38	-----	13.00
[15]	015-01	144.40	37.50	-----	14.00
[16]	016-01	144.40	36.78	-----	15.00
[17]	017-01	144.40	36.78	-----	16.00
[18]	018-01	139.20	37.95	-----	17.00

图 2-4-21

及后续处理。

操作方法：第一个测点采样完毕后，按"确认"键会弹出如图 2-4-22 所示的对话框，要求输入工程名称、文件名，此时光标停留在工程名称输入框中，用键盘输入工程名称。按"▲""▼"键将光标移至文件名称输入框中，输入文件存盘路径及文件名。所有输入完毕后按"确认"键返回测试界面，同时将数据存盘，以后每次采样后按"确认"键可自动存盘。

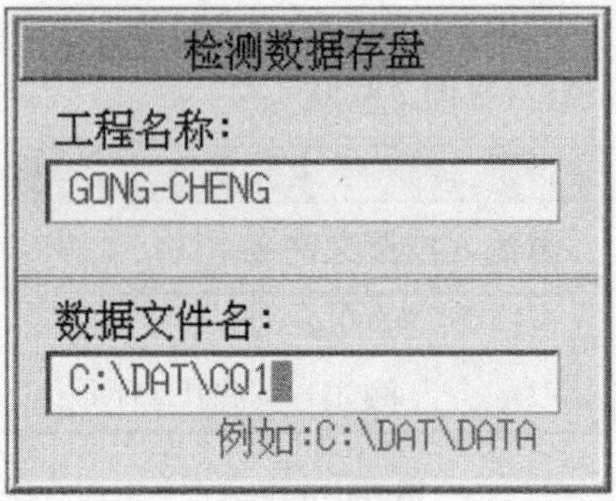

(a)单通道数据存盘

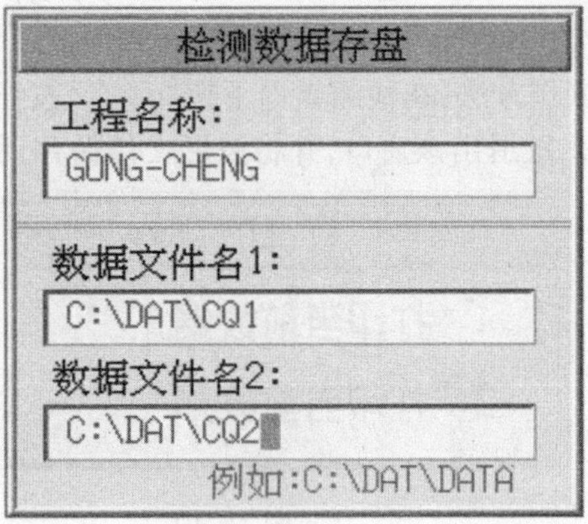

(b)双通道数据存盘

图 2-4-22

12. 拉伸或压缩静态波形

用于采样停止后对静态的波形拉伸或压缩。

操作方法：当波形窗口有静态波形时，可以用" - "键可将静态波形成倍地压缩，直至所有波形压缩至一屏内。在波形压缩状态下，按" + "键可将静态波形成倍地拉伸，直至原始波形大小后波形就不能再拉伸。

13. 游标操作

用于手动判读首波或后续波形的声时、幅度如图 2-4-23 所示。每组有两条游标,一条是横向的,用来读取波幅;另一条是纵向的,用来读取声时。单通道时有一组,双通道时两通道各有一组,且这两组游标相互独立,如图 2-4-24 所示。

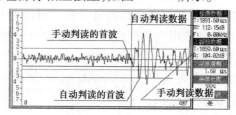

图 2-4-23　单通道手动判读

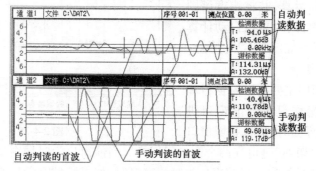

图 2-4-24　双通道手动判读

操作方法:在静态波形窗口中,按游标键插入游标,用"▲""▼"键移动横向幅度游标至所需位置,用"◀""▶"键移动纵向声时游标至所需位置,游标数据区显示声时及幅度读数。对于双通道测试,可用"切换"键在两通道的游标间切换。若该通道已有游标时,再次按"游标"则取消游标。

14. 调整首波控制线

操作方法:在动态采样时按"▲"键首波控制线的高度加大;按"▼"键首波控制线的高度减小。对于双通道测试,该调整只对当前通道起作用。可用"切换"键将所要调整的通道设为当前通道。

15. 移动动态波形

用于动态采样时使波形左右移动以便更好、更全面地观察波形。操作方法:在动态采样时,按"◀"键可使波形向左移动,按"▶"键可使波形向右移动。

16. 切换通道操作

主要用于双通道测试时,在两通道之间进行切换(采样和不采样时都可用),即使通道 1 和通道 2 交替成为"当前通道",以便对该通道进行操作(如动态采样时"＋""－"键用于调整当前通道的波形幅度,"◀""▶"键左右移动用于调整当前通道内的波形等)。

操作方法:按"切换"键,测试参数区的文件名框为深颜色的通道为当前通道。

17. 调整基线

用于波形中线与波形窗口中央的基线有明显偏差时,将波形中线调整到波形窗口中央的基线位置,可以提高测试结果的准确性。

操作方法:在动态采样状态下,当波形中线与波形窗口中央的基线有明显偏差时,按"0"键即可进行基线自动调整。

18. 频谱分析

用于对超声采样获取的静态波形进行幅度谱分析。可以对从采样起点开始的 1 024 个采样点进行分析,也可对屏幕范围内的时域波形中加窗口对指定波形段分析。分析过程采用 FFT 算法,速度较快。双通道时只对当前通道的波形进行分析。

操作方法:在检测界面或读入波形文件(扩展名为 WW)后的类似界面内,按"频谱"按钮则对当前波形的前 1 024 个采样点进行 FFT 运算,并将幅度谱图显示在频谱窗口内,同时显示自动计算的主频和频率分辨率如图 2-4-25 所示。

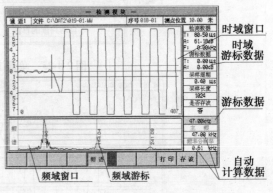

图 2-4-25

1) 频域/时域切换

频谱分析界面中主要有时域窗口和频域窗口。游标操作只对当前窗口进行,进入频谱分析界面时,是将频域窗口作为当前窗口,按"切换"键可在两个窗口间切换。当前窗口为时域窗口时在频域游标数据的位置显示"时域"标记。当前窗口为频域窗口时,如果频域有游标则显示游标位置的频率值,否则显示"频域"标记。

2) 频域游标

当前窗口为频域窗口时,按下"游标"键可以在频域窗口内插入游标,可用"◄""►"键移动游标,在频域游标数据位置会显示当前游标位置的频率值。按"采样"键,可将游标保留在频域窗口内,同时在保留的游标旁显示该位置的频率值。

3) 时域加窗频谱

将时域窗口置为当前窗口,再按"游标"键可以在时域窗口内插入游标,可用"◄""►"键移动游标,在时域游标数据位置会显示当前游标位置的声时值。按"采样"键,可将游标保留在时域窗口内,最多可以保留两条游标。通过在时域保留两条游标可以在时域窗口内分出一个只包含部分波形的窗口,此时再按"频谱"键会重新进行频谱分析,不同的是这时频谱分析的对象是在这个分出的窗口中的采样点。由此产生的幅度谱图是对应该段时域波形的幅度谱。

4) 打印频谱

在频谱分析界面下,按"打印"按钮可以打印幅度谱图。首先弹出窗口询问是否进行打印操作,将打印机连接好并放好打印纸后,按"确认"按钮开始打印,按"返回"不进行打印。打印完幅度谱图后会询问是否打印时域波形,按"确认"打印,按"返回"结束打印操作。

(三)文件管理

1. 文件管理模块的界面

在主界面按"文件"按钮即进入文件管理界面,如图 2-4-26 所示。

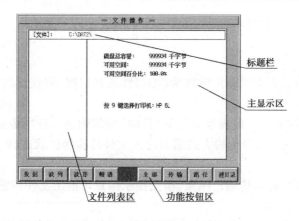

图 2-4-26

（1）标题栏：显示超声仪当前工作目录和文件名。

（2）主显示区：显示数据文件内容、帮助信息等。

（3）文件列表区：显示当前目录下指定类型的文件的列表。

（4）功能按钮区：调用文件管理模块的各项功能。

2. 文件管理模块的功能

1）修改系统默认路径

用于修改系统默认路径，以便对该路径（目录）下的文件进行查看、读入、删除等操作，并且将其作为分析软件的默认路径。

操作方法：在文件管理模块主界面下按"路径"按钮，则光标停留在文件管理界面的标题栏中，用键盘输入路径名后按"确认"按钮。

2）查看文件

操作方法：在文件管理界面下，按"数据"按钮则显示该路径下的数据文件名列表，可按"▲""▼"键翻页浏览，此时若按"返回"键则退回到文件管理界面。同样在文件管理界面下按"波列""波形"或"全部"按钮，分别显示该路径下的波列文件名、波形文件名或全部文件名及子目录的列表。

3）读取数据文件

操作方法：将光标停留在需要读取的数据文件上，按"确认"键，此时右边显示框中显示该数据文件的测点数据列表（若一屏显示不下可按"▲""▼"键翻页）。再按"确认"键读入此文件并返回到文件管理界面。

4）读取波列文件

操作方法：在文件管理界面下，按"波列"按钮，在文件列表区显示波列文件列表，按"▲""▼"键选择波列文件，按"确认"键显示波形列表。

5）删除文件

操作方法：参见2）、3）查看和读取波列文件的方法列出文件或子目录列表，按"▲""▼"键将光标移动到要删除的文件或目录处，按"采样"键，在该文件名或目录名的左边会出现一个"＊"，表明此文件或目录已经被选中（按下"采样"键后光标会自动跳到下面的文件或目录上）。继续选取直到把当前路径下的所有要删除的文件和目录都选中，按

"删除"键删除所选文件和目录。

6)传输文件

操作方法：

(1)在仪器关机状态下用专用传输线(串口线或并口线)将仪器的传输口与计算机的串口或并口连接起来。

(2)打开仪器,在文件管理界面下按下"传输"按钮则进入选择传输方式的界面,选相对应键盘上的数字,用户选择传输方式后则进入文件传输等待状态,此时可在计算机上做传输文件操作。

(3)如果想中断传输或传输已结束,根据提示信息可退出文件传输状态。

7)新建文件目录

操作方法：在文件管理界面下按"建目录"按钮,可在"标题栏"中输入待建目录的目录名,输好后按"确认"键即可建立该目录,同时自动将此目录设置成默认路径。

五、仪器的应用范围

NM – 3C 非金属超声监测仪主要应用于检测岩体及结构混凝土强度、内部缺陷、损伤层厚度、裂缝深度等,可扩展至声波透射法桩基完整性检测仪及混凝土厚度测试仪等无损检测中。

六、仪器的优势

(1)不破坏构件或建筑物的结构。

(2)可进行全面检测,能较真实地反映混凝土的质量与强度。

(3)能对内部空洞、开裂、表层烧伤等进行检测。

(4)可用于老建筑物的检测。

(5)非接触检测,简便快捷。

(6)可进行连续测试及重复测试。

§4.5　金属探伤实验

一、实验目的

(1)学会 CUD2030 型数字式超声波探伤仪的使用。

(2)能够绘制出相应的幅度 DAC 曲线和分贝 DAC 曲线。

(3)制作出探伤实验报告。

二、实验设备

CUD2030 型数字式超声波探伤仪。

三、实验原理

本实验的实验原理即探伤仪(见图 2-4-27)的工作原理,超声波在被检测材料中传播时，通过超声波受影响程度和状况的探测了解材料性能和结构变化的技术称为超声检测。超声检测方法通常有穿透法、脉冲反射法、串列法等。超声波探伤仪就是运用超声检测的方法来检测仪器的。

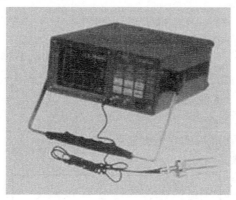

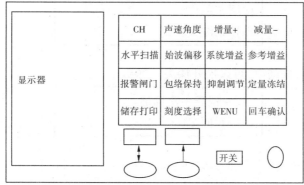

显示器	CH	声速角度	增量+	减量−
	水平扫描	始波偏移	系统增益	参考增益
	报警闸门	包络保持	抑制调节	定量冻结
	储存打印	刻度选择	WENU	回车确认

图 2-4-27　超声波探伤仪

四、实验步骤

（一）开机

启动电源开关，听到蜂鸣器叫声，屏幕显示厂家标志"东大电子"及仪器型号、软件版本号。按回车键，仪器进入波形显示界面。

（二）通道选择

按"CH"键，直至屏幕左上角显示"通道编号"，并且相应的通道号反白，按"＋""－"键调节通道号，仪器共 10 个通道。

（三）预置选择

按"CH"键，屏幕显示仪器所设定的项目，按"＋""－"键可选择所需项目。如选择到所需项目后按回车键，进入应设定的项目，再按回车键，相应项目闪烁，按"＋""－"键调节所需类型或参数。

（四）DAC 曲线制作

1. DAC 曲线制作

调节始波偏移→调声速→调 K 值→调水平"垂直"→显示调节波形→按"包络保持"

→按回车键显示光标→用"－"移动光标→用"＋"画线→用"－"移动光标至下一点→用"＋"画线→以此类推画线结束→按回车键退出 DAC 曲线（只能按一次）→按"包络保持"二次退出。

2. 调节始波偏移

方法一：

（1）对斜探头，通过在 CSK - IA 型试块上移动探头和调节增益使 R_{50} 和 R_{100} 反射波同时达到最高，并且这两个波高均不超过屏幕的 100%，紧按探头；对直探头，通过移动探头和调节增益使一次波和二次波达到最高，并且这两个波高均不超过屏幕的 100%，紧按探头。

（2）按"始波偏移"，在屏幕的左上方显示"始波偏移"。

（3）按回车键，在屏幕上显示：

始波偏移测试
按回车采样
再按始波偏移退出

（4）按回车键，采样结束，可以松开探头。屏幕显示：

＋、－选择一次回波
——＞回车

（5）用"＋"或"－"移动光标，选择 R_{50} 或一次回波，然后按回车键。此时，屏幕显示：

＋、－选择二次回波
——＞回车

（6）用"＋"或"－"移动光标，选择 R_{100} 或二次回波，然后按回车键。则始波偏移测量完毕，在屏幕的左上方显示"始波偏移 10.0 mm"，表示其实际测量值为 10 mm。

方法二：

（1）对斜探头，通过移动探头和调节增益使 R_{50} 和 R_{100} 的反射波同时达到最高，并且这两个波高均不超过屏幕的 100%，紧按探头；对直探头，通过移动探头的调节增益使一次波和二次波达到最高，并且这两个波高均不超过屏幕的 100%，紧按探头。

（2）按"始波偏移"至显示"始波偏移"：如果按"＋"，则波形向左偏移，且此时的始波偏移数值增加；而如果按"－"则波形向右移动，且此时的始波偏移数值减小。始波偏移的最小值为 0。为了测量出始波偏移，不断反复调节"始波偏移"的"水平扫描"，使 R_{50} 和 R_{100} 或一次波和二次波分别位于屏幕水平方向的 40% 和 80% 处，则完成始波偏移调节。

3. 调节声速

方法一：

（1）对斜探头，通过在 CSK - IA 型试块上移动探头和调节增益使 R_{100}（或已知反射半径的圆弧）反射波达到最高，并且这个波高不超过屏幕的 100%，紧按探头；对直探头，通过移动探头和调节增益使一次波达到最高,并且这个波高不超过屏幕的 100%,紧按探头。

(2)按"声速角度",使屏幕的左上角显示"声速",并且一直显示在屏幕上的"v:3.23 mm/μs"会出现反白。

(3)按回车键,进入声速测量程序,屏幕显示:

```
声速测量
始波偏移已校准?
是——> +否——> -
```

(4)在声速测量前,必须校准始波偏移,否则会影响测量结果,按"+",则继续声速测量;按"-",则退出声速测量。

(5)屏幕显示"按回车采样",按回车键后,波形冻结,屏幕显示

```
+、-选择一次回波
———— > 回车
```

(6)用"+"或"-"移动光标,选择 R_{100} 或一次回波,然后按回车键,此时,屏幕显示:

```
板厚/半径:(mm)
100.0
+/-————>回车
```

(7)用"+"或"-"调节一次波或 R 圆弧半径,然后按回车键,则声速测量完毕,在屏幕上方显示新的声速测量值,如"v:3.20 mm/μs",表示其实际测量值为 3.20 mm/μs。

方法二:

(1)按"声速",使屏幕的左上角显示"声速",并且一直显示在屏幕上的"v:3.23 mm/μs"会出现反白。

(2)按"+"或"-",直接调节声速值大小,直至所要设定的数值。

4. 探头 K 值测试方法

方法一:

(1)通过在 CSK-Ⅲ型试块上移动探头和调节增益使已知深度的小孔反射波达到最高,并且这个波高不超过屏幕的 100%,紧接探头。

(2)按"角度/声速",使屏幕的左上角显示"探头角度",并且一直显示在屏幕上的"a:63.5 K:2.00"会出现反白。

(3)按回车键,进入探头角度测量程序,屏幕显示:

```
K 值测量
声速已校准?
是—— > +否—— > -
```

(4)在 K 值测量前,必须校准声速,否则会影响测量结果。按"+",则继续 K 值测

量:按"-",则退出 K 值测量。

(5)屏幕显示"按回车采样",按回车键后,波形冻结,屏幕显示:

```
+、-选择一次回波
——— > 回车
```

(6)用"+"或"-"移动光标,直至小孔回波,然后按回车键。此时,屏幕显示:

```
孔深:(mm)
+/——— > 回车
```

(7)按"+"或"-"调节小孔深度。调节完毕后,再按回车键。在屏幕上显示相应的测量值"K:1.98",表示其实际测量值为 1.98。

方法二:

(1)按"角度/声速",使屏幕的左上角显示"探头角度",并且一直显示在屏幕上的"a:63.5 K:2.00"出现反白。

(2)按"+"或"-",直接调节 K 值大小,直至所要设定的数值。

5. 制作幅度 DAC 曲线

(1)通过在 CSK－ⅢA 型试块上移动探头和调节增益使已知最浅深度为 10 mm(为介绍方便,假定选择 10 mm、20 mm 和 30 mm 三点制作幅度 DAC)小孔反射波最高,并且达到屏幕高度的约 80% 处,紧按探头。

(2)按"包络"至屏幕的左上角显示"峰值包络/波形",将探头从试块上取走。

(3)按"回车",此时有一十字光标从屏幕左边向右移动,并且在某一波峰处停下。程序进入 DAC 曲线制作部分(如看不到十字光标,则反复按回车键)。

(4)用"-"使十字光标移动,当十字光标移动到所要选择的波峰时,按"+",选择该波峰。然后画出该点的 DAC 曲线,为下一点做好准备。

(5)通过移动探头使第二个深度为 20 mm 的小孔反射波最高。将探头从试块上取走。

(6)用"-"使十字光标移动,当十字光标移动到所要选择的波峰时,按"+",选择该波峰。然后画出该点的 DAC 曲线,为下一点做好准备。

(7)通过移动探头使第三个深度为 30 mm 的小孔反射波最高。将探头从试块上取走。

(8)用"-"使十字光标移动,当十字光标移动到所需选择的波峰时,按"+",选择该波峰。然后画出该点的 DAC 曲线,为下一点做好准备。

(9)当所有想要测量的点都完成后,按回车键,此时会在屏幕上闪烁显示两次已做成的幅度 DAC 曲线。

(10)按两下包络键,从该程序中退出。

五、实验成果

(1)打印 DAC 曲线,见图 2-4-28。

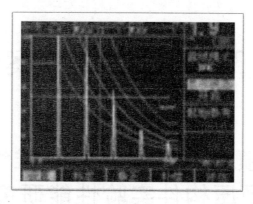

图 2-4-28

（2）做出超声波探伤报告，见表 2-4-2。

表 2-4-2　超声波探伤报告

编号：

单位		探头类型	斜探头
工件名称		探头频率	2.5 MHz
探伤标准		探头前沿	10.0 mm
		探头尺寸	16.0 mm × 12.0 mm

探测结果：

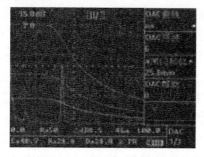

备注：

探伤员		审核	

第 3 部分　　实验案例

第 1 章　预应力 CFRP(碳纤维增强纤维) 加固受压构件实验性能研究实验

一、实验综述

本实验研究预应力 CFRP 加固混凝土受压构件技术。通过将预应力 CFRP 环绕粘贴在混凝土柱子四周,加强 CFRP 对柱子的横向约束力,使柱子形成三维受压的效果凸显,从而显著提高柱子的抗压承载力。

通过实验探究预应力 CFRP 和普通 CFRP 加固柱子在受力机制、变形和承载力等方面的异同;证明预应力 CFRP 加固柱子在控制变形、提高承载力等方面所具备的优良性能。

目前,在普通 CFRP 和预应力 CFRP 加固梁方面开展的研究和取得的成果较多;在普通 CFRP 加固柱方面也开展了很多研究,并发现普通 CFRP 加固法可有效提高柱的延性,但对轴心受压柱的极限承载力提高程度不大;但在预应力 CFRP 加固柱方面开展的工作较少。在现有的研究和工程应用中 FRP(纤维增强塑料)对核心混凝土的约束都是被动约束,即在混凝土受力膨胀后外围的 FRP 才开始发挥作用,在实际工程中大多数情况下 FRP 材料并不能充分发挥其强度高的优势。若能够对 FRP 施加预应力,对核心混凝土能够施加主动的约束力,不但可以闭合裂缝,还能够更大限度地提高柱的承载能力和耐久性。

该实验的开展就是要在预应力加固受压构件方面做有益的探索,完善预应力 CFRP 加固受力构件的理论体系,推动我国混凝土结构加固理论的发展;完善 CFRP 加固柱子的技术体系,服务加固工程实际。该实验的开展有望取得理论发展和经济效益的双丰收。

二、实验目的

本实验计划通过对碳纤维布施加预应力加固混凝土受压构件的研究,获得预应力 CFRP 加固混凝土受压构件独特的受力性能,从而完善 CFRP 加固混凝土构件的理论体系和获得更有效的利用 CFRP 加固混凝土工程的方法。

(1)在轴向压力作用下,比较预应力 CFRP 加固混凝土受压构件和未加固相同尺寸、材料的混凝土受压构件的受压性能。

(2)在轴向压力作用下,比较预应力 CFRP 加固混凝土受压构件和 CFRP 加固相同尺寸、材料的混凝土受压构件的受压性能。

(3)比较对各构件 CFRP 施加的不同预应力大小对构件受压性能的影响。

（4）探讨预应力 CFRP 布加固受压构件承载力提高的效果和刚度的变化。

（5）实验研究预应力 CFRP 布加固混凝土受压构件的主要破坏特征、极限承载力、开裂形式等。

（6）通过实验，完善改进翟爱良教授发明的针对加固受压构件的"旋转张拉"张拉与锚固一体化机具，并掌握"旋转张拉"技术，获得预应力 CFRP 加固受压构件的合理流程。

三、实验准备工作

（一）材料的物理力学性能

（1）CFRP：检测 CFRP 布的厚度、抗拉强度、伸长率、弹性模量。

（2）黏结剂（结构胶）：检测结构胶的密度、抗压强度、抗剪强度、抗拉弹性模量、抗压弹性模量、泊松比、工作环境、可使用时间、触变性（流挂）。

（3）混凝土：C20 混凝土（W：C：S：G ＝ 0.51：1：1.81：3.68），检测混凝土强度。

（4）钢筋：纵筋 HRB335，D ＝ 14 cm，箍筋 HPB235，D ＝ 8 cm，检测钢筋强度。

（二）实验设计

1. 试件设计

本实验需设计制作相同尺寸和材料的混凝土方柱 5 组（每组 3 块），为减小"二阶效应"的影响，将试件设计为短柱，即控制 $l_0/h \leqslant 5$。试件的主要参数如下：

（1）试件尺寸（矩形截面）：$b \times h \times L$ ＝ 300 mm × 300 mm × 1 200 mm。

（2）混凝土配合比：坍落度为 35 ～ 50 mm；砂子种类为粗砂；配制强度为 28.2 MPa；石子为河石，最大粒径为 31.5 mm；水泥强度等级 32.5，实际强度 35.0 MPa。C20 混凝土配合比（重量比）为水泥：砂：碎石：水 ＝ 1：1.83：4.09：0.50，其中每立方米混凝土中，水泥为 326 kg；砂为 598 kg；碎石为 1 332 kg。

（3）纵向受压钢筋：HRB335，4 Φ 14。

（4）箍筋的种类：HPB235，Φ 8@200。

（5）纵向钢筋混凝土保护层厚度：30 mm。

（6）试件尺寸及配筋情况见图 3-1-1。

2. 试件分组设计

（1）一组作为对比基准柱（未加固）。

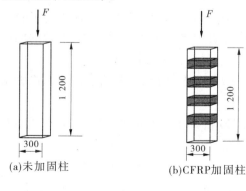

(a)未加固柱　　　　　　(b)CFRP加固柱

图 3-1-1

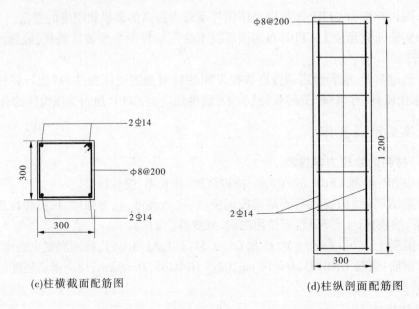

(c)柱横截面配筋图　　　　　　　　　(d)柱纵剖面配筋图

续图 3-1-1

（2）一组柱在侧面按普通方法粘贴 CFRP 三层（三层非预应力 CFRP）。

（3）一组柱粘贴三层利用"旋转张拉"技术施加预应力 CFRP 布；并控制张拉应力为 CFRP 抗拉强度的 25%。

（4）一组柱粘贴三层利用"旋转张拉"技术施加预应力 CFRP 布，并控制张拉应力为 CFRP 抗拉强度的 50%。

（5）一组柱粘贴三层利用"旋转张拉"技术施加预应力 CFRP 布，并控制张拉应力为 CFRP 抗拉强度的 75%。

四、构件实验

（一）实验科研中心

本项目的实验研究工作拟在山东农业大学混凝土材料重点实验室和山东农业大学结构实验室进行。这两个实验室配备有本项目研究所需的各类测试仪器与加载设备。如先进的 50 t、100 t 万能材料试验机、S2369N 扫描电子显微镜、Q66 图像分析系统、SPARTAN 声发射仪等。结构实验室固定资产总值近千万元，具有大型的电液伺服试验机（可进行较为复杂的混凝土结构实验）。其他实验装置及测试设备也正在改造和完善当中。

本项目的理论研究将在山东农业大学计算中心和课题组机房完成。

（二）试件的制作

主要材料及设备准备：C20 混凝土、CFRP 布、钢筋（HRB335、HPB235）、结构胶、电子秤、模板、砂纸、丙酮。

方柱的制作：支模→绑钢筋→浇筑混凝土→洒水养护。

柱周粘贴 CFRP：基底处理→涂底胶→找平→施加预应力，粘贴 CFRP→保护，具体介绍如下：

（1）基底处理。混凝土柱表层出现剥落、空鼓、蜂窝、腐蚀等劣化现象的部位应予以凿除,对于较大面积的劣质层,在凿除后应用环氧砂浆进行修复。

裂缝部位应首先进行封闭处理。用混凝土角磨机、砂纸等机具除去混凝土表面的浮浆、油污等杂质,构件基面的混凝土要打磨平整,尤其是表面的凸起部位要磨平,转角粘贴处要进行倒角处理并打磨成圆弧状（$R \geqslant 10 \text{ mm}$）。

用吹风机将混凝土表面清理干净,并保持干燥。

（2）涂底胶（FP 胶）。按主剂∶固化剂 = 3∶1 的比例将主剂与固化剂先后置于容器中,用弹簧秤计量,电动搅拌器均匀搅拌,根据现场实际气温决定用量并严格控制使用时间。一般情况下 1 h 内用完。

用滚筒刷将底胶均匀涂刷于混凝土表面,待胶固化后（固化时间视现场气温而定,以指触干燥为准）再进行下一工序施工。一般固化时间为 2 ~ 3 d。

（3）找平。混凝土柱表面凹陷部位应用 FE 胶填平,模板接头等出现高度差的部位应用 FE 胶填补,尽量减小高度差。转角处也应用 FE 胶修补成光滑的圆弧,半径不小于10 mm。

（4）对 CFRP 布施加预应力,粘贴 CFRP 布。按设计要求的尺寸及层数裁剪碳纤维布,除非特殊要求,碳纤维布长度一般应在 3 m 之内。

调配、搅拌粘贴材料 FR 胶（使用方法与底胶 FP 相同）,然后均匀涂抹于待粘贴的部位,在搭接、混凝土拐角等部位要多涂刷一些。

（5）用"螺旋张拉"工艺对 CFRP 布施加预应力。粘贴 CFRP 布,在确定所粘贴部位无误后剥去离型纸,用特制滚子反复沿纤维方向滚压,去除气泡,并使 FR 胶充分浸透碳纤维布。在最上一层碳纤维布的表面均匀涂抹 FR 胶。

（6）保护。加固后的碳纤维布表面应采取抹灰或喷防火涂料进行保护。

（三）实验装置

混凝土受压构件加载装置选用电液伺服万能试验机,如图 3-1-2 所示。

本实验加载时要将分配梁卸掉,试件上要有特定的加工好的垫板,且垫板应有足够的刚度,避免垫板处混凝土局压破坏,如图 3-1-3 所示。

加载方式:

（1）单调分级加载机制。在正式加载前,为检查仪器仪表读数是否正常,需要预加载,预加载所用的荷载是分级荷载的前 1 级。

此分配梁在本实验中应卸掉,同时加垫板

图 3-1-2

正式加载的分级情况为:①在达到预计的受压破坏荷

载的 80% 之前,根据预计的受压破坏荷载分级进行加载,每级荷载约为破坏荷载的 20%,每次加载时间间隔为 15 min;②当达到预计的受压破坏荷载的 80% 以后,拆除所有仪表,然后加载至破坏,并记录破坏时的极限荷载。

试件加载时,加载点落在试件上的垫板上

图 3-1-3

(2)开裂荷载实测值确定方法。混凝土柱受压可采用下列方法确定开裂荷载实测值:

①放大镜观察法。用放大倍率不低于 4 倍的放大镜观察裂缝的出现;当加载过程中第一次出现裂缝时,应取前一级荷载作为开裂荷载实测值;当在规定的荷载持续时间内第一次出现裂缝时,应取本级荷载值与前一级荷载的平均值作为开裂荷载实测值;当在规定的荷载持续时间结束后第一次出现裂缝时,应取本次荷载值作为开裂荷载实测值。

②荷载 – 挠度曲线判别法。测定试件的最大挠度,取其荷载 – 挠度曲线上斜率首次发生突变时的荷载值作为开裂荷载的实测值。

③连续布置应变计法。在截面受拉区最外层表面,沿受力主筋方向在拉应力最大区段的全长范围内连续搭接布置应变计监测应变值的发展,取任一应变计的应变增量有突变时的荷载值作为开裂荷载实测值。

(3)承载力极限状态确定方法。对柱试件进行受压承载力实验时,在加载或持载过程中出现下列标记即可认为该结构构件已经达到或超过承载力极限状态,即可停止加载:

①对有明显物理流限的热轧钢筋,其受压主筋的受压应变达到 0.01(受压主钢筋压曲)。

②受压区边缘混凝土压坏。

③受压钢筋处最大侧向裂缝宽度达到 1.5 mm。

④侧向挠度达到构件高度的 1/30。

⑤CFRP 布发生剥离破坏。

⑥CFRP 布被撕断。

(四)量测内容

1. 混凝土平均应变

在柱中竖轴侧面布置 5 个应变片,应变片间距 200 mm,以量测柱侧表面混凝土沿截面高度的平均应变分布规律,测点布置见图 3-1-4。

2. 受压钢筋应变

在试件受压钢筋中部粘贴三个电阻片,以量测加载过程中钢筋的应力变化,测点布置见图 3-1-5。

3. CFRP 布应变

在试件上 CFRP 布中部粘贴 4 个电阻应变片,以量测加载过程中 CFRP 布的应力变化,测点布置见图 3-1-6。

4. 裂缝

实验时借助放大镜用肉眼查找裂缝。构件开裂后立即对裂缝的发生发展情况进行详

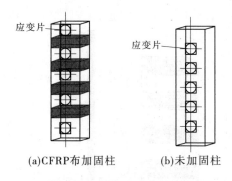

(a)CFRP布加固柱　　　(b)未加固柱

图 3-1-4　混凝土应变片布置

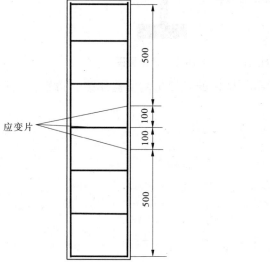

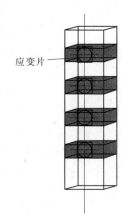

图 3-1-5　钢筋应变片布置图　　　　　**图 3-1-6　CFRP 布应变片布置**

细观测,用读数放大镜及钢直尺等工具量测各级荷载(0.4 ~ 0.7 Pu)作用下的裂缝宽度、长度及裂缝间距,并采用数码相机拍摄后手工绘制裂缝展开图,裂缝宽度的测量位置为构件的侧面相应于受压钢筋高度处。最大裂缝宽度应在使用状态短期实验荷载值持续 15 min 结束时进行量测。

5. 侧向挠度

柱长度范围内布置 3 个位移计以测量柱侧向挠度,侧向挠度测点布置见图 3-1-7。

五、实验结果分析

(一)数据处理方法

规程《混凝土结构实验方法标准》(GB/T 50152—2012)规定:

(1)对实验结果应进行误差分析。实验数据的末位数字所代表的计量单位应与所用仪表的最小分度值相一致。对单次量测的直接量测结果的误差,可取所用量测仪表的精度作为基本的实验误差;对于间接量测结果的误差,应按误差传递法则进行间接量测值的误差分析。

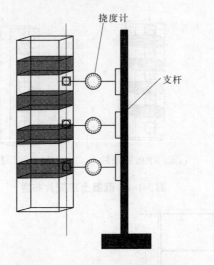

图 3-1-7　柱侧向挠度计布置图

（2）对有一定数量的同一类结构构件的直接量测实验结果，其统计特征值应按下列公式计算：

平均值

$$m_x = \frac{1}{n} \sum_{i=1}^{n} x_i \tag{3-1-1}$$

标准差

$$s = \sqrt{\frac{\sum\limits_{i=1}^{n} (x_i - m_x)^2}{n-1}} \tag{3-1-2}$$

变异系数（以百分率计）

$$\delta = \frac{s}{m_x} \times 100\% \tag{3-1-3}$$

式中，x_i 为各个实验结构构件的实测值；n 为实验结构构件的数量。

（3）对实验结果作回归分析时，宜采用最小二乘法拟合实验曲线，求出经验公式，并应进行相关分析和方差分析，确定经验公式的误差范围。

（二）实验结果整理

实验原始资料应包括下列内容：

（1）实验对象的考察与检查。

（2）材料的力学性能实验结果。

（3）实验计划与方案及实施过程中的一切变动情况记录。

（4）测读数据记录及裂缝图。

（5）描述实验异常情况的记录。

（6）破坏形态的说明。

另外，对测读数据应进行必要的运算、换算，统一计量单位，并应严格核对。实验构件控制部位上安装的关键性仪表的测读数据，在实验进行过程中应及时整理、校核。

第 2 章　再生混凝土梁抗剪性能研究实验方案书

一、实验综述

现在城市和农村的建设如火如荼,同时也产生了大量的建筑垃圾,其中有混凝土梁、柱、板、剪力墙等大型块状体建筑垃圾,也有砖混结构等产生的废弃砖瓦等小型体建筑垃圾,如果能经过一套加工程序对它们"回炉重造"使其变废为宝,这样既节约了资源,保护了环境,同时也产生了巨大的经济效益。对于混凝土梁、柱、板、剪力墙等大型块状体建筑垃圾的加工处理已经形成了一套完整的体系,取得了非常良好的效果,但是对于砖混结构等产生的废弃砖瓦等小型体建筑垃圾的处理却没那么成熟,其中很多方面还涉足未深。本次实验就是在前期实验探索的条件下,对废弃砖瓦再生骨料不同程度地取代天然石子做成的梁进行承载力实验,研究再生混凝土梁的一些力学性能、破坏形态,总结出一些经验公式,为废弃砖瓦再生混凝土的应用和推广提供科学依据和技术支持。

前期实验对废弃砖瓦再生混凝土的物理性能、力学性能、破坏形态作了大量的研究,取得了满意的效果,证实了用废弃砖瓦混凝土代替天然石子的可行性,得出了许多科学的数据,对废弃砖瓦再生混凝土的一些性能有了比较深入的了解,也积累了丰富的经验,为今后实验的开展提供了理论依据。

二、实验目的

影响再生混凝土梁的抗剪因素众多,本次实验的目的在于探讨分析剪跨比、配筋率等其他条件相同的情况下,研究再生混凝土梁在不同的再生骨料替代率条件下的极限承载力、裂缝开展情况、破坏形态、破坏规律,以及再生骨料取代率对再生混凝土抗剪性能的影响,探索出再生混凝土梁的斜截面极限承载力公式。

三、实验设计

本次实验共制作 5 根梁,每根梁的跨度、截面尺寸、剪跨比、配筋均相同,天然石子的替代率依次按 0%、30%、50%、70%、100% 进行替代,得到 5 根不同替代率的梁,其中配筋按 C20 普通混凝土梁适筋破坏理论进行配筋。

(一)原材料及配合比

本实验采用的原料为黏土烧结砖经过破碎、筛分得到的不同粒径的颗粒,然后经过人工拌和水泥浆,晾干后再经过二次挂浆,最后得到由水泥包裹的砖颗粒。由于砖块内部的空隙比较大,且在破碎的过程中颗粒内部往往会产生大量的有一定尺寸的裂缝,因此与普通混凝土相比,再生混凝土的吸水率要大得多,因此普通混凝土的经验公式已不再适合,需要重新寻找配合比以满足实验要求,此问题也在之前的实验中得到圆满解决。

（二）试件设计

试件梁设计的截面尺寸为 150 mm × 250 mm × 2 100 mm，实验时剪跨比取 1.395，在加载点与支座间形成 300 mm 的弯剪区，纵筋选用 2 Φ 18（HRB335），架立筋 2 Φ 8，箍筋 Φ 8@90，配筋率 1.58%，配箍率 0.745%。详见图 3-2-1。

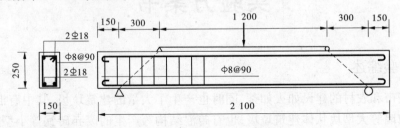

图 3-2-1　尺寸、配筋及加载点布置图

（三）应变片布置

此次实验在箍筋、纵筋、混凝土上均粘贴应变片，主要用来测量在实验加载过程中箍筋、纵筋、混凝土的应变，具体型号待定。具体布置位置详见图 3-2-2。

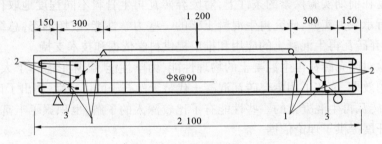

1—箍筋应变片；2—混凝土应变片；3—纵筋应变片

图 3-2-2　应变片布置图

（四）材性实验

此次实验将预留六组边长为 100 mm 的立方体试块和一组 100 mm × 100 mm × 300 mm 棱柱体试块，每组 3 块，分别测量再生混凝土的抗压强度、抗拉强度和弹性模量。对钢筋取样进行抗拉实验，测其屈服强度、极限强度和弹性模量。

（五）荷载方案及加载程序控制

加载分为预加载和正式加载两步：

预加载，分三级进行，每级加载量约取极限承载力的 10%，每加卸一级停歇时间 10 min，恒载时间 30 min，空载时间为 45 min。预加载期间检查：试件变形和荷载变化的关系，实验装置的可靠性，各个仪表读数和仪器工作是否正常，分组人员是否进入状态。

正式加载，每级加载量约取 10%，相邻两级间停歇 10 min，当达到计算开裂荷载的 80% 时改为每级约 3% 的加载量，直至开裂。开裂后继续以约 10% 的加载量加载，至计算极限荷载的 90% 时改为每级约 3% 的加载量，直至试件破坏。

实验需要记录内容如下：

（1）应变测量。主要测量箍筋、纵筋和混凝土实验过程中的应变，记录临近破坏时箍筋、纵筋和混凝土的极限应变。所有数据均由计算机自动采集。

其中应变片的粘贴尤其重要,主要粘贴工序如下:首先用磨光机将混凝土表面和钢筋表面打磨平整,然后用细砂纸打成 45° 交叉纹,并用棉球蘸丙酮将贴片位置擦洗干净,到棉球洁白为止。贴片时,用左手掐住应变片引线,右手在应变片粘贴面上薄薄地涂上一层黏结剂(注意应变片的正、反面),同时,在试件贴片位置上涂上一层 502 黏结剂,并迅速将应变片准确地放在粘贴位置上,将一小片塑料薄膜盖在应变片上面,用手指顺着应变片依次挤压多余的胶水,按住应变片 1 ~ 2 min 后把塑料薄膜轻轻揭开,检查有无气泡、挠曲、脱胶等现象,如影响测量,应重贴。最后,贴上接线端子焊出引线。粘贴牢固后用万用表的电阻挡检查应变片有无短路、断路现象,如不能排除故障,则重贴。最后用兆欧表检查应变片与试件之间的绝缘度(500 MΩ 以上合格)。

(2)挠度和沉降测量。在构件两端支座处、加载点与支座之间的弯剪区和加载点正下方及跨中截面布置位移计。示意图如图 3-2-3 所示。

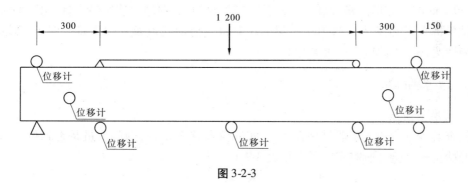

图 3-2-3

(3)裂缝量测。实验主要观测弯剪区段和纯弯区段内裂缝宽度随外荷载增加而变化的情况,记录裂缝最先开展的位置,详细记录裂缝的扩展规律,分析梁的破坏类型,记录最大裂缝宽度(大于 3 条)。加载前,在构件侧面的纵筋高度水平位置处画一水平线,便于量测此处的宽度;加载后,将梁侧面的裂缝形态绘制在坐标纸上,梁底面的裂缝间距用工具量出。

(4)记录每根梁的开裂荷载和极限破坏荷载。

四、试件制作、养护及后续处理

(一)场地安排

场地安排在结构实验大厅电液伺服试验机旁边的位置,场地较宽敞,可以从事作业,并且方便今后的养护。

(二)前期材料准备

按照实验设计,购买足够数量的钢筋、石子、砂子、水泥、模板、扎丝、丙酮、502、焊条、密封剂等实验材料。

根据实验设计用量,制作足够的再生混凝土骨料,按级配筛选出足够的天然石子。

按实验设计绑扎钢筋,粘贴应变片,确保钢筋笼规整符合要求,应变片粘贴的位置准确无误。

（三）施工阶段

构件制作时使用木模,确保模板连接紧密,固定牢靠。构件浇筑时充分振捣,使材料混合均匀严实,表面处理平整。制作好模板后,在模板内侧和地面刷上一层冷底子油,把钢筋笼放入模板中,保证位置准确,然后对模板进行固定,矫正尺寸。称取实验用料,进行试拌和,观察混凝土的状态,量测坍落度,如果各项状态良好则进行正式拌和,拌和好后开始浇筑,同时使用振动棒进行充分振捣,最后抹平。同时进行材性实验,把预留的混凝土装入模板中。

（四）养护阶段

24 h 后拆模,在实验室养护 28 d。前 7 d 每日两次浇水养护,之后每日一次,直到 28 d 为止。

（五）后处理阶段

构件养护完成后,对实验梁表面进行刷白处理,待白灰晾干,用墨线将侧面分成 50 mm×50 mm 的正方形区格,以便发现裂缝和对裂缝开展顺序快速编号。将实验梁安放在结构试验机支座上,调整支座和分配梁的相对位置使加载点及支承点符合图示。检查仪表安装情况,进行调试校正,准备加载。

五、实验阶段

（一）准备阶段

检查实验仪器和实验器材是否齐全,实验仪器状态是否良好,人员是否到位,一切正常后开始正式实验。所需实验器材见表 3-2-1。

表 3-2-1

仪器名称及型号	作用	备注
结构试验机	通过千斤顶施加集中荷载,并由分配梁平均分配到构件上	1 台
应变式位移传感器	测量支座竖向位移	2 块
电阻应变采集仪	测量记录钢筋和混凝土的应变	
测宽仪或读数显微镜	裂缝宽度	
百分表	三分点及跨中挠度值	6 块

（二）实验阶段

记录数据,所需记录的数据见表 3-2-2 和表 3-2-3。

表 3-2-2 荷载加载记录表格

顺序编号	时间	备注:标注开裂、极限和其他特殊情况

表 3-2-3 支座沉降、挠度记录表格

顺序编号	中间读数	三分点读数		支座读数	
		左	右	左	右

每根梁的开裂荷载、极限荷载、每部分的应变值由计算机得出。

六、实验分析

实验结束后,对所得到的数据进行分析整理,主要包括以下内容:

(1)不同替代率的再生混凝土梁的斜截面破坏形态的异同。

(2)不同替代率的再生混凝土梁的抗剪承载力的差别。

(3)探讨再生混凝土梁抗剪承载力公式。

(4)荷载—箍筋应变曲线。

(5)再生混凝土的应力—应变曲线。

(6)荷载—跨中挠度曲线。

(7)荷载—裂缝平均宽度曲线。

(8)探讨再生混凝土的抗剪机制。

(9)对预留的混凝土进行加载实验,观察破坏形态,记录抗压、抗拉强度。

附页：

实验梁的制作

依据再生粗骨料的取代率依次对 5 根实验梁进行标号 1、2、3、4、5。1 号是普通骨料制作混凝土的梁,5 号是采用砖骨料替代全部石子形成的 100% 再生粗骨料混凝土梁,2、3、4 号按照砖骨料为 30%、50%、70% 的取代率依次制作。

一、制作实验梁必备的数据

通过前期设计的正交实验,分析得到 5 号再生混凝土的配合比 $W: C: S: G = 340: 486: 645: 1\,099 = 0.70: 1: 1.327: 2.261$,再生粗骨料颗粒级配 19 ~ 16(大):16 ~ 10(中):10 ~ 5(小) $= 50: 35: 15$;1 号梁混凝土配合比 $0.53: 1: 1.796: 3.196$,颗粒级配仍取上述 50: 35: 15 的比例。实验梁体积 $0.15\,\text{m} \times 0.25\,\text{m} \times 2.10\,\text{m} = 0.078\,75\,\text{m}^3$。钢筋数量和种类按配筋图选用。

二、梁的材料用量

因水的用量较大程度地影响混凝土的和易性,而且粗骨料含水量和天气有较大的关系,需要现场试拌测定,在实际配制时配合比会出现微小的变动。实验中的取代是指,以 1 号和 5 号的配合比作基础,变动粗骨料的掺和比例,比如 2 号梁的粗骨料是由 5 号粗骨料的 30% 和 1 号粗骨料的 70% 混合而得到的,其他两组类推。

(1)对于 5 号梁,依照再生粗骨料混凝土配合比可计算各种材料用量:

水的质量 = 梁质量 ×1 m³ 混凝土用水量
　　　　 = 0.078 75 ×340 = 26.8(kg)

水泥质量 = 0.078 75 ×486 = 38.3(kg)

砂的质量 = 0.078 75 ×645 = 50.8(kg)

砖骨料的总量 = 0.078 75 ×1 099 = 86.5(kg)

其中,砖骨料按级配大、中、小三级粒径分别取值:

大粒径 = 总量 ×大粒径比重
　　　 = 86.5 ×0.50 = 43.3(kg)

中粒径 = 86.5 ×0.35 = 30.3(kg)

小粒径 = 86.5 ×0.15 = 13.0(kg)

(2)对于 1 号梁,水泥 38.3 kg,砂 68.7 kg,石子 122.5 kg(大61.3 kg、中 42.9 kg、小 18.3 kg)。

(3)2 号梁,水泥 38.3 kg,砂 62.5 kg,石子 85.8 = 122.5 ×70% kg(大 43.0 kg、中 30.0 kg、小 12.8 kg),砖骨料 26.0 =86.5 ×30% kg(大 13.0 kg、中 9.1 kg、小 3.9 kg)。

(4)3 号梁,水泥 38.3 kg,砂 58.9 kg,石子 61.3 = 122.5 ×50% kg(大 30.7 kg、中 21.5 kg、小 9.1 kg),砖骨料 43.3 =86.5 ×50% kg(大 21.7 kg、中 15.1 kg、小 6.5 kg)。

(5)4 号梁,水泥 38.3 kg,砂 55.4 kg,石子 36.8 = 122.5 ×30% kg(大 18.4 kg、中

12.9 kg、小 5.5 kg),砖骨料 60.6 = 86.5 × 70% kg(大 30.3 kg、中 21.2 kg、小 9.1 kg)。材料用量见附表 1。

附表 1　材料用量 (单位:kg)

材料		1	2	3	4	5
水(W)						26.7
水泥(C)		38.3 + 5	38.3 + 5	38.3 + 5	38.3 + 5	38.3 + 5
砂(S)		68.7 + 9.0	62.5 + 8.2	58.9 + 7.7	55.4 + 7.3	50.8 + 6.7
粗骨料(g) — 石子	大	61.3 + 8.0	43.0 + 5.7	30.7 + 4.0	18.4 + 2.4	—
	中	42.9 + 5.6（122.5 + 16.0）	30.0 + 4.0（85.8 + 11.4）	21.5 + 2.8（61.3 + 8.0）	12.9 + 1.7（36.8 + 4.8）	—
	小	18.3 + 2.4	12.8 + 1.7	9.1 + 1.2	5.5 + 0.8	—
粗骨料(g) — 再生砖骨料	大	—	13.0 + 1.7	21.7 + 2.9	30.3 + 4.0	43.3 + 5.7
	中	—	9.1 + 1.2（26.0 + 3.4）	15.1 + 2.0（43.3 + 5.8）	21.2 + 2.8（60.6 + 8.0）	30.3 + 4.0（86.5 + 11.4）
	小	—	3.9 + 0.6	6.5 + 0.9	9.1 + 1.2	13.0 + 1.7

注:砖骨料需要挂浆,水泥用量另算;

　　$x+y$,x 代表梁构件的材料用量,y 代表材性实验的预留材料的粗略计算用量。

三、钢筋用量计算

5 根实验梁的配筋相同,下面计算单根梁的钢筋使用情况并给出用量表。

架立筋:　2Φ8,长度取 2 050 mm。

箍筋:　　Φ8 双肢箍,106 mm × 206 mm,弯钩末端长度 ≥ 50 mm;需要 23 个。

受力纵筋:2Φ18,两端各弯起 100 mm,中间平直净长度 2 050 mm。

钢筋用量见附表 2。

附表 2　钢筋用量

类型	级别直径	水平长度	弯钩长度	汇总	备注
架立筋	Φ 8	2 050 mm	100 mm	10 只	
箍筋	Φ 8	—	—	115 个	双肢箍 106×206
受力纵筋	Φ 18	2 050 mm	100 mm	10 只